I0889674

Fondateur

André ROBINET

Directeur

Gilbert HOTTOIS

Entre modernité et post-modernité, cette collection d'essais a pour vocation première d'encourager des réflexions originales sur l'avenir d'une civilisation caractérisée par l'affrontement entre traditions et technoscience.

ESSAIS DE PHILOSOPHIE BIOÉTHIQUE ET BIOPOLITIQUE

DU MÊME AUTEUR

La philosophie du langage de L. Wittgenstein (préface de J. Bouveresse), Editions de l'Université de Bruxelles, 1976.

L'inflation du langage dans la philosophie contemporaine (préface de J. Ladrière), Editions de l'Université de Bruxelles, 1979.

Pour une métaphilosophie du langage, Paris, Vrin, 1981.

Pour une éthique dans un univers technicien, Editions de l'Université de Bruxelles, 1984.

Le signe et la technique (La philosophie à l'épreuve de la technique) (préface de J. Ellul), Paris, Aubier, 1984 (traduit en italien).

Du "sens commun" à la "société de communication". Etudes de philosophie du langage, Paris, Vrin, 1989.

Penser la logique. Une introduction technique théorique et philosophique à la logique formelle, Paris-Bruxelles, Ed. Universitaires-De Boeck, 1989.

Le paradigme bioéthique (Une éthique pour la technoscience), Bruxelles-Montréal, De Boeck-Erpi, 1990 (traduit en italien, espagnol et portugais).

G. Simondon et la philosophie de la "culture technique", Bruxelles, De Boeck, 1993.

Entre symboles et technosciences. Un itinéraire philosophique, Seyssel (Paris), Champ Vallon (PUF), 1996 (traduit en néerlandais).

De la Renaissance à la Postmodernité. Une histoire de la philosophie moderne et contemporaine, Paris-Bruxelles, De Boeck-Université, 1997 ; (2e éd., 1998) (traduit en espagnol).

La philosophie des technosciences, Presses des Universités de Côte d'Ivoire, Abidjan, 1997.

Edition d'ouvrages collectifs

Enseignement de la morale et philosophie, Editions de l'Université de Bruxelles-Vrin, 1979.

Philosophie et langage, Editions de l'Université de Bruxelles-Vrin, 1982.

Ethique et technique, Editions de l'Université de Bruxelles-Vrin, 1983

Science-fiction et fiction spéculative, Editions de l'Université de Bruxelles, 1985,

Justifications de l'éthique, Editions de l'Université de Bruxelles, 1984, 480 p.

Evaluer la technique, Paris, Vrin, 1988.

L'affect philosophe, Paris, Vrin, 1990.

Aux fondements d'une éthique contemporaine : H. Jonas et H.T. Engelhardt, Paris, Vrin, 1993.

H. Jonas : Nature et Responsabilité (avec G. Pinsart), Paris, Vrin, 1993 ; (traduit en italien).

R. Rorty. Limites et ambiguïtés du postmodernisme (avec M. Weyembergh), Paris, Vrin, 1994 (traduit en néerlandais).

Temps cosmique. Histoire humaine (avec M. Weyembergh), Paris, Vrin, 1996.

Ouvrage encyclopédique

Les Mots de la bioéthique. Un vocabulaire encyclopédique, co-direction M.-H. Parizeau, Bruxelles-Montréal, De Boeck-ERPI, 1993 (traduit en portugais).

Pour Demain

ESSAIS DE PHILOSOPHIE BIOÉTHIQUE ET BIOPOLITIQUE

par

Gilbert HOTTOIS

PARIS

LIBRAIRIE PHILOSOPHIQUE J. VRIN

6, Place de la Sorbonne, Ve

1999

La loi du 11 mars 1957 n'autorisant, aux termes des alinéas 2 et 3 de l'article 41, d'une part, que les «copies ou reproductions strictement réservées à l'usage privé du copiste et non destinées à une utilisation collective» et, d'autre part, que les analyses et les courtes citations dans un but d'exemple et d'illustration, «toute représentation ou reproduction intégrale, ou partielle, faite sans le consentement de l'auteur ou de ses ayants droit ou ayants cause, est illicite» (Alinéa 1er de l'article 40).

Cette représentation ou reproduction, par quelque procédé que ce soit constituerait donc une contrefaçon sanctionnée par les Articles 425 et suivants du Code pénal.

© *Librairie Philosophique J. VRIN,* 1999

Imprimé en France

ISSN 0180-4847

ISBN 2-7116-1405-0

AVANT-PROPOS

Brève la vie, grande la technique

Qui ne connaît la formulation latine de l'aphorisme hippocratique[1] : *Vita brevis, ars longa* ? Mais se souvient-on qu'il s'agit de la traduction d'une phrase grecque où figure le mot « technè » (« technè makra »), là où les Latins disent « ars ». Certes, cette traduction n'est pas fausse et il existe même des raisons historiques de la trouver fort appropriée. Mais on peut souhaiter être plus actuel, tenant compte de la profonde transformation de la médecine depuis les temps hippocratiques. Dans cette perspective, le terme « technè » nous interpelle d'une manière beaucoup plus contemporaine et avec des connotations autres que celles que l'on associe au mot « art ». Nous songeons à la Recherche et au Développement TechnoScientifiques (RDTS) de la biomédecine d'aujourd'hui et de demain. A ces technosciences qui ne cessent de repousser les limites et qui projettent des programmes de recherches pour des décennies, toutes tendues vers un futur ouvert et inanticipable, qu'elles *font* sans être capables de le prévoir clairement. Ce que les technosciences génétiques, les neurotechnosciences, les technosciences de l'information, les nano-technosciences, les technosciences de l'espace, entreprennent n'est pas à la mesure de l'existence humaine individuelle. Ces processus se comptent en termes de générations, et davantage encore. Ils concernent le futur de l'espèce, bien plus que l'avenir des individus qui y participent. Et ce futur s'étend sur des millénaires, voire des millions d'années, de telle sorte que ce qui croîtra dans ce très lointain futur, dont nous aurons sans le savoir posé quelque

1. Le traité des *Aphorismes*, le plus célèbre des livres composant le corpus hippocratique, commence ainsi : « La vie est courte, l'art est long, l'occasion (kairos) est fugace, l'expérience trompeuse, le jugement difficile » (Jouanna J., 1992, *Hippocrate*, Fayard).

amorce ou retardé le développement, risque d'être aussi éloigné et différent de nous que nous sommes différents des premiers assemblages moléculaires « vivants » du Pré-cambrien.

Brève la vie, grande la technique. « Grande la technique », c'est-à-dire la tradition de la recherche technoscientifique, la tradition opérative, dont les instaurateurs philosophiques modernes majeurs – Francis Bacon et René Descartes – soulignaient déjà la portée transgénérationnelle. « Brève la vie », c'est-à-dire l'existence personnelle ; non la Vie, non l'Evolution biocosmique buissonnante que la tradition opérative prolonge dans sa diversité créatrice.

Comment vivre la brièveté de la vie, c'est-à-dire comment la symboliser, quelle histoire en faire, dès lors qu'elle se détache non plus sur un horizon d'éternité ou d'histoire *a priori* finalisée, mais sur fond d'aventure, indéterminée et gigantesque ? Par vocation ou par destination, le philosophe passe pour une sorte d'individu « spécifique ». Il n'a de cesse de se dégager des particularités biographiques de l'individu singulier qu'il est, afin de se consacrer à ce qui est « essentiel, universel, nécessaire ». La fiction constitutive que le philosophe a toujours entretenue est que peu importe son « moi », seule compte l'« humanité », le « sujet transcendantal », la « forme spécifique », dont le sujet particulier est une enveloppe transitoire. L'unique mérite du « moi » philosophant tiendrait dans le fait qu'en philosophant, il prend conscience et jouit de cet universel éternel qu'il est aussi. Semblable vocation paraissait parfaitement viable dans un monde dont le fond était présumé stable, un monde de formes pérennes et non de processus producteurs de formes métastables, de cristallisations passagères, de figures avortées et d'ébauches éphémères. Comment être philosophe dans ce monde de processus, pas seulement de discours, mais de processus physiques et techno-physiques avec lesquels les processus discursifs interagissent faiblement ? Une réponse que nous avons développée depuis quelques années est qu'il importe au philosophe d'*accompagner* les processus RDTS. Cet accompagnement n'est pas passif, car les processus RDTS dépendent aussi de collectifs humains qui ne sont pas entièrement sourds aux questionnements philosophiques. Les processus bioéthiques sont de tels processus d'accompagnement d'une part très étendue de la RDTS. Des questions radicales – philosophiques et religieuses – y sont posées et aussi débattues, lorsque les prétendues urgences des processus politiques et économiques en laissent le loisir.

A mesure que les années passent et que la brièveté de l'existence gagne en évidence, l'exercice lucide de l'accompagnement ne manque pas cependant de se faire plus frustrant. Nous entrevoyons tant d'ouvertures et tant d'opacités dont nous ne verrons pas la résolution ou dont les solutions provisoires déclencheront d'autres processus dans des directions nouvelles à l'infini.

L'étymologie indo-européenne atteste de l'unité originelle de la racine de ces deux mots : *médecine* et *méditation*[1]. La médecine ne serait que cet art, tout ancillaire, susceptible d'aider la nature à retrouver un équilibre harmonieux dont la maladie, la lésion et la souffrance expriment la rupture. Méditer révèle et reflète cette harmonie des bonnes formes naturelles. Médecine et méditation doivent *prendre soin* des équilibres et harmonies sensibles dans la nature. La médecine est philosophique[2] et la philosophie est thérapeutique. Penser, panser... En pensant, l'homme se soigne. Sa médecine essentielle serait symbolique. Cette conception tient tout entière en ceci : quelque chose est donné qui pousse, se développe et s'épanouit avant de se flétrir et de s'évanouir tandis que la forme demeure qui s'épanouira de nouveau ailleurs ; les hommes n'ont d'autre tâche essentielle que de prendre soin, de contempler et d'assister : d'*adorer*. Tel est le sens le plus ancien de la démarche *thérapeutique*, guère éloignée de l'attitude théorétique.

Nous ne sommes pas hostile à cette conception et la brièveté de l'existence y reconduit. Mais nous savons aussi que les bonnes formes ne sont jamais que des approximations aléatoires et éphémères qu'aucun modèle durable ne guide, que les homéostases naturelles, institutionnelles et techniques sont transitoires, que la métastabilité et l'instabilité règnent, menacent et *créent*. La biomédecine contemporaine est souvent et à raison accusée de ne pas perpétuer la tradition naturaliste thérapeutique qui caractérisa ses origines et son histoire jusqu'au siècle passé, siècle qui vit naître la médecine expérimentale. Les technosciences biomédicales sont accusées de vouloir déconstruire et reconstruire autrement les bonnes-belles formes naturelles et culturelles au lieu d'en prendre soin. Elles sont accusées de puiser les figures qu'elles poursuivent dans les fantasmes monstrueux du désir et de l'inconscient. Quoi de plus contre-nature et contre-humain, de *contre-ontologique*, que de vouloir reproduire l'homme par clonage asexuellement, d'ignorer les barrières des espèces et des règnes (espaces définis des bonnes-belles formes naturelles) ou encore de doter des humains de prothèses sensorielles et organiques autres que simplement

1. Cf. Rey A., *Dictionnaire historique de la langue française*.

2. Le petit traité de Galien (IIe siècle PC), commentateur d'Hippocrate (Ve siècle AC), intitulé *Que l'excellent médecin est aussi philosophe*, est une expression archétypique de cette idée. Mais le guide et la référence du philosophe et du médecin sont la nature, « médecin suprême » (cf. Jouanna, *o.c.*, p. 484-504).

réparatrices sur la voie d'étranges symbiotechnies ? La médecine contemporaine se trouve ainsi placée dans une situation fort ambiguë, celle du « vice » qui rend hommage à la « vertu ». Tout ce qu'elle entreprend – et particulièrement ce qu'elle entreprend de plus artificieux – *doit* être présenté dans une perspective thérapeutique, ou du moins palliative ou encore cognitive et préparatoire à des applications thérapeutiques afin de paraître acceptable et convenable. Toute la procréatique, y compris les récents développements concernant le clonage, toute la génétique, y compris les transgenèses, toute la prothétique sont placées sous le signe du curatif, de la lutte contre les accidents lésant l'harmonie naturelle que la santé signale. Cette hypocrisie ou cette inconscience partielle sont-elles souhaitables ? Ne vaudrait-il pas mieux reconnaître qu'il y a, d'un côté, une activité médicale qui, tout en utilisant des technologies nouvelles, a pour vocation de respecter les formes, limites et équilibres naturels, et, de l'autre, des applications expérimentales de plus en plus nombreuses et artificieuses des biotechnologies aux individus, suivant leur désir qui ne connaît pas de limites et dont le déséquilibre ou la métastabilité sont l'infatigable moteur ? Sans doute certains aspects de la médecine contemporaine seraient-ils de cette façon clarifiés. Mais les choses sont loin d'être simples, car la nature elle-même, qu'il s'agirait de respecter et de soigner, est fort éloignée de respecter et de soigner ses propres formes et ordres : l'accident lui est aussi consubstantiel que la nécessité, le déséquilibre que l'équilibre, et toutes les nouvelles bonnes-belles formes ont surgi au sein d'un chaos de mutations « expérimentales » sans lendemain. Qu'est-ce que la maladie, qu'est-ce que la santé, qu'est-ce qu'une vie épanouïe ? Qui a décrété que les humains ne pourraient pas changer de sexe ou être des deux sexes, ou des personnes sans sexe ? Pourquoi ne pas créer des anges ? Où sont les frontières entre le normal et le pathologique ?

Plutôt que de tenter de cliver le champ de l'intervention de l'homme sur l'homme (et sur la nature) entre le soin de la nature et le désir de l'artifice, ne vaudrait-il pas mieux reconnaître que la nature est aussi artificieuse – inventive, productive, métastable, chaotique – que le désir humain, et que celui-ci est souvent simplement désir de nature, désir de se reposer dans les formes déjà laborieusement créées par la nature ? La quiétude n'est pas plus nécessairement du côté de la nature que le vertige n'est toujours du côté du désir.

Les études[1] qui composent ce livre sont présentées comme décrivant-interprétant des processus, c'est-à-dire des devenirs complexes et en interaction , au sens mal assuré, tributaires d'aléas et de décisions futures. Dans un univers de processus toujours partiellement indécidés, il n'y a plus de place pour une attitude ou une relation qui ne serait pas, en même temps, une intervention, car l'abstention elle-même, la volonté illusoire de ne pas interférer, n'est pas sans effets ni conséquences. L'intervention philosophique ne peut être que symbolique, mais il y a bien des manières d'intervenir symboliquement, et ces interventions restent capitales dans la mesure où elles conditionnent des décisions qui conduisent à des actions qui modifient la structure institutionnelle de la société et la structure physique de la nature. L'intervention philosophique devrait être à la fois soucieuse d'*articuler* le champ symbolique pour lui-même et en tant qu'il est toujours branché sur la réalité physique, d'une part, *et* attentive à ce que l'articulation (le tenir-ensemble : le système, le sens, ...) proposée *ne fixe pas* excessivement les mots et les choses, les mots avec les choses, d'autre part.

Les descriptions-interprétations qui suivent procèdent de cette conception-là de l'intervention philosophique. Elles ne sont pas sans direction, mais cette direction voudrait aussi préserver et développer le plus d'orientations possibles.

Janvier 1999

1. Dont voici les références d'origine : 1 : in *Theoria*, 1999 ; 2 : in *Revue européenne des sciences sociales*, 1997 ; 3 : Conférence à Copenhague, Coll. « Basic ethical principles in Biolaw », 1998 ; 4 ; in 5 : Conférence à l'Université Technologique de Compiègne, 1999 ; 6 : Conférence à Urgup (Turquie), Coll. FISP, 1997 ; 7 : Conférence à Florence, Coll. « Un cadre européen pour la bioéthique ? », 1997 ; 8 : Conférence à l'Université Ezzitouna de Tunis, 1999. La plupart de ces textes ont été partiellement modifiés en vue de leur insertion dans ce volume.

PREMIER PROCESSUS : L'AUTEUR

D'UNE IMPOSSIBLE « PHILOSOPHIE DE LA TECHNIQUE » À LA PRATIQUE DE LA BIOÉTHIQUE

On a pu éclairer la technophilie et la fascination pour l'impératif technicien (« Il faut faire toutes les expériences possibles ») à partir d'une problématique œdipienne non « résolue »[1]. La « solution correcte » d'Œdipe tient, suivant la psychanalyse, dans la capacité progressive de l'enfant, devenant adulte, de s'inscrire dans *l'ordre symbolique* – l'ordre des valeurs, des normes et des significations culturellement partagées – de manière à acquérir une identité personnelle et une fonction sociale définies.

Selon une formulation plus philosophique, le concept mythologique « Œdipe » voudrait dire : l'être humain, en tant qu'il est un être *humain*, doit résoudre la question de sa condition (l'énigme de la Sphinge qui est l'énigme de la condition humaine[2]) par la voie (la voix) symbolique (le Logos, le Verbe : le Langage en sa liaison ambiguë avec l'Esprit). Semblable solution symbolique comporte fondamentalement *l'acceptation de*

1. Cf. Vacquin M., *Frankenstein*, Paris, F. Bourin, 1989. L'interprétation que nous proposons s'inspire de cette analyse. Sans être absolument contradictoire, elle accentue à propos d'Œdipe des aspects très différents de ceux mis en lumière par certaines interprétations classiques (telle celle d'A. Bonnard dans *D'Antigone à Socrate*).

2. L'énigme est : « Quel animal va à quatre pattes le matin, deux à midi et trois le soir ? ». La réponse est : l'homme. Mais il s'agit, en réalité, de la finitude humaine avec son destin de sénescence et de mort notamment. La réponse à l'énigme entraîne la fin du Sphinx qui incarne le polymorphisme chaotique et totipotent de l'inconscient et de l'enfance. Car accepter la finitude humaine, c'est faire le deuil de cet état d'enfance (qu'à sa manière l'impératif technicien reflète aussi). Résoudre l'énigme, c'est encore fixer un sens, mettre fin à la plurivocité labile, indéfinie, de la question. C'est accepter-imposer un ordre sémantique qui tranche et délimite.

la condition humaine telle que la Nature ou Dieu l'ont configurée, ainsi que l'acceptation d'un ordre de règles et de significations instituées par les hommes et transmises de génération en génération (la Tradition), qui recueillent et « expliquent » la condition humaine ainsi symbolisée. Normalement, l'individu trouve dans cette sublimation symbolique (mythique, religieuse, philosophique, idéologique) de l'existence un apaisement suffisant de son mal-être, le remède à l'instabilité de fond, une palliation de l'indéfinition de l'être-humain (« cette bête non encore fixée », dit Nietzsche). Lorsque la sublimation symbolique « cristallise » mal ou pas du tout, l'échec peut revêtir des formes d'exclusion que l'ordre symbolique et social détermine comme *pathologiques*, telles la folie ou la psychose. L'apaisement est donc la récompense normale de l'acceptation des limites de la finitude, compatible seulement avec une transcendance symbolique (la part surnaturelle de l'homme n'est pas actualisable sur Terre et reste entre les mains de Dieu). Le concept mythologique d'Œdipe souligne spécialement certaines de ces limites : l'individu est d'un sexe déterminé, il a un père et une mère qui l'inscrivent dans une lignée qu'il ne peut bouleverser en épousant sa mère comme s'il était son propre père (« *causa sui* » : sa propre cause ou origine [1])... Mais il y a d'autres limites associées à la condition humaine : souffrance, travail, vieillesse, mort..., qu'Œdipe, en devenant roi, repousse également.

D'une certaine manière, Œdipe-Roi – le personnage mythologique – incarne l'*anti-symbole* : il repousse les limitations naturelles et culturelles, et, en épousant sa mère, il accède à la toute-puissance (ou, si l'on préfère, il refuse de quitter la toute-puissance imaginaire de l'enfance). Mais l'histoire *tragique* d'Œdipe – telle que Sophocle l'a mise en scène – doit confirmer l'ordre naturel et institutionnel, tout en accordant aux humains (les spectateurs) la catharsis des pulsions in-humaines qui les hantent. Elle condamne donc le transgresseur inconscient qui a joui de la puissance illimitée du « tout est possible-tout est permis » au chaos et à la nuit de la déchéance et de l'errance.

Le postulat solidaire du concept mythologique d'Œdipe tel que la philosophie psychanalytique invite à le comprendre est : pas de salut pour l'homme hors de l'ordre symbolique et pas de transcendance pour l'homme autre que symbolique, sous peine de désastre.

Il y a dès lors deux manières d'être anti-œdipien, critique par rapport au mytho-concept d'Œdipe avec ses présupposés et ses conséquences.

1. Cette périphrase est une des définitions de Dieu.

Une première manière a été exemplairement illustrée par l'œuvre de G. Deleuze, *Capitalisme et schizophrénie*, spécialement *L'anti-Œdipe*. Mais cette manière demeure elle-même symbolique et tend à s'épuiser dans les jeux de la déliaison multiple de tout ordre symbolique. Son inspiration est nietzschéenne.

La seconde manière est plus radicale : elle est opératoire, liée à l'essor de la science moderne devenue technosciences. Elle n'est guère illustrée par la philosophie, bien que sa possibilité et la nécessité de prendre en considération cette possibilité devraient figurer au cœur de toute authentique philosophie *de la technique*. Sa radicalité même et les risques, pas simplement individuels, qu'elle véhicule conduisent à rendre au moins certains droits à cet ordre symbolique que l'anti-oedipianisme « première manière » (la déliaison symbolique illimitée) entreprend de déstructurer totalement en courant un risque (social et politique, sinon individuel) limité dans la mesure où la contestation demeure *symbolique* précisément, au sein d'une civilisation dont les structures et équilibres de base sont devenus en grande partie *technologiques*.

Au départ de notre propre réflexion sur la technique, il est possible de repérer les questions posées par cet anti-oedipianisme opératoire.

PHILOSOPHIE CONTEMPORAINE ET CRISE DU SYMBOLIQUE

Un regard rétrospectif – sans prétention psychanalytique, car il ne s'enquiert pas de phantasmes et de désirs antérieurs à notre intérêt pour la philosophie – nous ramène à cette époque vieille de plus d'un quart de siècle où l'ordre symbolique nous décevait. Un passage, extrait du *Pragmatisme* de W. James (que nous ne lisions évidemment pas alors), au sujet de la métaphysique exprime à peu près l'attente qui était alors la nôtre : « (…) le monde est toujours apparu comme une sorte d'énigme dont la clef devait se découvrir sous la forme de quelque mot, de quelque nom, qui ferait toute la lumière ou conférerait toute la puissance voulue. Ce mot désigne le *principe* du monde ; et le posséder, c'est d'une certaine façon posséder le monde lui-même. "Dieu", "la Matière", "la Raison", "l'Absolu", "l'Energie", voilà autant de noms qui sont autant de solutions. Une fois en possession de ces noms, vous n'avez plus qu'à vous reposer : vous avez atteint le terme de votre recherche métaphysique ! » [1] Or donc,

1. *Le pragmatisme*, Paris, Flammarion, p. 52-53.

nous n'avons pas trouvé ce repos. Au contraire, l'analyse et l'approfondissement inlassables des textes philosophiques que nous lisions alors (dans la mouvance des « existentialismes ») et dont nous nous efforcions de clarifier et de préciser ce qu'*ils voulaient dire* ne nous menaient à nulle illumination. La signification des termes et énoncés importants présentés par les philosophes comme véhicules de la Vérité et de la Solution se dérobait ou s'abîmait dans le non-sens. En réaction à cette expérience décevante d'un sens allégué dans des discours qui ne tenaient pas leurs promesses, nous en vînmes à concentrer notre attention sur le *langage comme tel* et sur la philosophie en tant que pratique linguistique. Nous devînmes en quelque sorte « philosophe du langage », étudiant spécialement l'œuvre de Wittgenstein qui, tout au long de son existence – du *Tractatus* aux *Investigations* –, s'interrogea sur le langage et fut à la recherche d'un rapport au langage (et au langage philosophique, en particulier) susceptible d'apaiser son mal-être. « La véritable découverte est celle qui me rend capable d'arrêter de philosopher quand je le veux. Celle qui conduit la philosophie au repos, de sorte qu'elle ne soit plus davantage tourmentée par des questions qui la mettent *elle-même* en question » [1].

Notre intérêt pour le langage n'était pas celui du linguiste, du philologue ou d'un quelconque théoricien du langage. Nous nous sommes intéressé au langage parce qu'il est l'instrument de la philosophie et, d'une manière plus générale, parce qu'il est présenté comme l'outil salvateur de l'homme. Un « outil » paradoxal, car décrit en même temps comme l'essence et la « fin » de l'homme défini par des expressions telles que : « zoon logon echon », le vivant doué du logos (langage et pensée) ou encore « l'animal symbolique », dont la forme d'existence la plus élevée et la plus accomplissante tient dans l'exercice de cette faculté symbolique qui constitue son essence. Ce privilège de l'instrument « langage » est d'autant plus éclatante à une époque – la nôtre – où la pensée est elle-même comprise comme indissociable (et même quelquefois « effet ») du langage. Indissociable de la pensée (de l'esprit), le langage n'apparaît plus comme l'instrument d'expression de la pensée, mais comme sa *chair* même [2].

Toujours est-il que notre expérience était que l'« outil essentiel et salvateur » ne tenait pas ses promesses. Comme ces promesses étaient celles de la philosophie, notre attention critique s'orienta rapidement vers

1. *Philosophische Untersuchungen*, aphorisme 133. D'où notre premier ouvrage de 1976 : *La philosophie du langage de Ludwig Wittgenstein*, Ed. de l'Université de Bruxelles.

2. Pour paraphraser Merleau-Ponty, représentant éminent d'un courant philosophique – la phénoménologie – qui a beaucoup contribué au rapprochement essentiel entre pensée et langage.

la question du rapport entre philosophie et langage, spécialement au XXe siècle. Et notre constat fut celui d'un intérêt universel, multiforme et inflatoire de la philosophie contemporaine pour cette question du langage, et plus précisément pour son propre discours [1]. Mais au-delà de la description de la diversité des formes de cette obsession langagière – atomisme logique, logicisme, néo-positivisme, philosophie analytique, philosophie du langage ordinaire, structuralisme, phénoménologie, herméneutique, textualisme, grammatologie, rationalisme critique, postmodernisme, et une foule de recherches atypiques… – ce qui motivait notre enquête était l'explication du phénomène où nous diagnostiquions une crise que nous vivions aussi de l'intérieur. La crise était celle de la faculté de symbolisation en l'une de ses modalités les plus éminentes : la philosophie. Et notre hypothèse était la suivante : la philosophie contemporaine créatrice échouait dramatiquement à symboliser d'une manière satisfaisante l'univers techno-scientifique dans lequel le philosophe devait, désormais, vivre, mourir et prendre la parole. La plupart du temps les philosophes ne s'exprimaient pas du tout au sujet de cet univers et des questions et défis radicalement neufs qu'il suscitait. La rançon de cette cécité ou de ce déni du réel extralinguistique dans lequel l'opérativité technoscientifique jouait un rôle de plus en plus constitutif était le rabattement de la philosophie sur les textes du passé, sur son propre discours au présent et sur l'analyse du langage en général. Sous ses formes les plus outrancières qui caractérisaient, durant le troisième quart de ce siècle, certaine philosophie française (tels le dernier Merleau-Ponty, Derrida ou Deleuze) mais aussi allemande (tel le dernier Heidegger), cette attitude menait à des textes étonnants, purs « jeux de langage » (dans un sens non wittgensteinien), à la fois a-référentiels et auto-référentiels, c'est-à-dire ne « signifiant » plus rien d'autre que leur propre continuation adlinguistique, à l'infini. Attitude symptomatique et donc pathologique : les philosophes grattaient là où ça les démangeait et ce faisant ils ne réussissaient qu'à aggraver le mal, tout en en retirant sans doute une certaine jouissance. Le mal : la crise aiguë de l'instrument salvateur – le logos ou le verbe; son incapacité à articuler encore d'une manière satisfaisante l'être-au-monde technoscientifique.

Nous ignorions à l'époque que de rares penseurs, notamment français, avaient commencé à poser un diagnostic analogue. Par exemple, Pierre Ducassé, dans un petit livre de 1958 intitulé *Les techniques et le philosophe* [2], soulignait déjà l'impuissance ou l'incurie du discours philo-

1. Voir nos ouvrages : *L'inflation du langage dans la philosophie contemporaine*, Ed. de l'Université de Bruxelles, 1979 et *Pour une métaphilosophie du langage*, Paris, Vrin, 1981.

2. Presses Universitaires de France.

sophique face à la technique ainsi que les dangers qui s'y associaient. « En face du technicien pur, le philosophe (...) est aussi démuni de repères (...) que le voyageur en face d'une espèce inconnue » (p. 66) – « Une pensée (il s'agit de la philosophie, GH) qui croit annuler l'obstacle en l'ignorant, avant d'en avoir apprécié, puis assimilé la résistance, refuse son propre avenir » (p. 13). Ducassé s'appuyait déjà à une intuition très forte de ce que nous appelions l'altérité irréductible du signe et de la technique, de la symbolisation et de l'opérativité technoscientifique : « Aucune "lexis" concernant la technique n'équivaut à la technique ; et la technique n'est pas réductible à un discours » (p. 16).

L'analyse simondonienne[1] qui remonte aux mêmes années était plus modérée. Pour Simondon, le problème n'était pas l'impuissance soudainement advenue de la faculté de symbolisation *en général*, mais bien l'impuissance d'une certaine symbolisation particulière, datée, du monde et de l'existence : celle de la culture et de la philosophie traditionnelles dominantes. Les représentations et concepts de la culture littéraire traditionnelle perpétuée par l'enseignement et réfléchie par les philosophies autorisées relèvent d'un état dépassé des techniques et des sciences et ne sont plus appropriés pour l'articulation de la civilisation technoscientifique contemporaine. Tel était, à la fin des années cinquante, le diagnostic simondonien. Le remède était, selon lui, dans le développement d'une « culture technique » universelle et d'une philosophie – y compris d'une philosophie de la technique – capables de symboliser l'univers technoscientifique contemporain. C'était surtout une question d'anachronisme culturel, assez proche de la représentation devenue classique des « deux cultures » popularisée par C.P. Snow, toujours au cours de la même décennie[2], et posant le diagnostic d'une sorte de schizophrénie civilisationnelle entre la culture traditionnelle littéraire et la mentalité technoscientifique en quête de sa reconnaissance en tant que culture au sens plein du terme.

Aujourd'hui, nous nous sommes considérablement rapproché de l'analyse simondonienne, sans partager son rêve de réconciliation culturelle universelle comme si l'humanité était sur le point de s'unifier – de s'individuer – harmonieusement grâce à une symbolisation technoscientifique œcuménique. Si le rêve demeure légitime et sensé, le chemin de sa réalisation est incommensurablement plus long et plus périlleux, que tout ce que Simondon paraissait pouvoir imaginer.

1. Cf. *Du mode d'existence des objets techniques*, publié d'abord en 1958 aussi.

2. *The two cultures*, devenu : *The two cultures and a second look*, Cambridge University Press, 1969.

Mais très loin de ce rêve à la fin des années soixante-dix, nous accentuions la dissociation et la ressentions comme radicale. L'opérativité technoscientifique se présentait à nous comme « l'autre du symbolique », inassimilable avec ses possibles futurs chargés de transformations inanticipables de la forme de vie humaine. Nous n'avons pas, encore aujourd'hui, abandonné ce sens aigu de l'ouverture et de l'opacité radicales – de l'étrangeté sans nom – du futur lointain de l'espèce humaine, mais nous avons été conduit, par diverses circonstances aussi, à nous préoccuper davantage de la *gestion philosophique du présent,* compte tenu cependant des abîmes toujours aussi vertigineux de la contingence et de l'imprévisibilité extrêmes.

Mais à l'époque, cette philosophie de la technoscience, dont nous ressentions dramatiquement l'absence, nous apparaissait bien davantage comme une impossibilité, une contradiction dans les termes, que comme une tâche à accomplir. L'opérativité technoscientifique nous paraissait devoir excéder toute philosophie, toute symbolisation, tout discours, toute éthique : tout ce qui fait l'homme « naturel-culturel ».

La toute dernière section de notre ouvrage de 1979, *L'inflation du langage dans la philosophie contemporaine*, s'intitulait cependant : « La question – éthique ? – fondamentale ». Elle exprimait une hésitation à l'avancée extrême de notre réflexion, là où notre pensée se heurtait à ce que nous nommions alors « le mur cosmique », qui deviendra « la transcendance noire », cinq ans plus tard, dans *Le signe et la technique*[1]. Qu'on nous permette de reprendre un passage de cette dernière section : « La question se laisse formuler diversement. L'homme est-il l'avenir de l'homme ? Que va faire l'homme de l'homme ? (...) De la transformation techno-scientifique dans le sens (de l'amélioration) de l'humain naturel à la mutation insensible de l'humain, où est le seuil ; est-il prévisible ? Qu'est-ce que choisir l'homme ? (...) La catégorie de l'éthique convient-elle bien ici ? (...) L'éthique n'appartient-elle pas à la constellation de l'humain ? Comment une instance éthique pourrait-elle être de dernier recours, là où les paramètres de l'humain se trouvent concrètement mis en question ? Dire que c'est une question *éthique*, n'est-ce pas déjà l'avoir tranchée en faveur de la perpétuation de l'homme de toujours, en faveur du passé et contre tous les possibles où, de quelque façon, l'ethos se désagrégerait et deviendrait méconnaissable ? Il ne nous est pas possible de recevoir la question fondamentale comme étant du ressort de quelque *savoir*, passé, présent ou à venir. Bien que les catégories du choix et de la valeur (de

1. Paris, Aubier.

l'homme) soient loin de nous satisfaire (...), ce sont à notre sens les catégories les moins inadéquates et cette relative propriété correspond déjà à un consensus de la conscience futurologique : ainsi, par exemple, le problème de la manipulation génétique est, généralement, appréhendé comme une question éthique. (...) Dans la perspective de l'intervention techno-scientifique, si bénigne soit-elle en apparence, le 'bien de l'homme' semble, à brève ou à longue échéance, être piégé et ouvrir sur ce qu'aujourd'hui nous ne pouvons appréhender que comme ab-humain et même, plus volontiers, comme inhumain. (...) Œuvrant à alléger la souffrance humaine sous toutes ses formes, la techno-science risque d'avancer sur la voie de la mutation. (...) Qu'en sera-t-il de l'homme dans quelques millions d'années ? A l'échelle cosmique du temps, l'idée d'une conservation de l'humain nous paraît chose bien invraisemblable. (...) Imagine-t-on une durée *historique* de cent millions d'années (...) Entend-on une tradition vieille de dix millions d'années ? (...) Qui endure encore aujourd'hui volontairement une maladie douloureuse et curable sous prétexte de la nécessité juste ou de la dignité de la souffrance ? (...) La dignité ultime de l'homme cherchant à s'affirmer non plus – parce que c'est là une fixation devenue inutile et à la longue nuisible, régressive – dans l'assomption de sa nature (spécialement des paramètres de la finitude) mais dans l'audace et le risque de la négation de cette nature ». La section et, du même coup, le livre s'achevaient sur un « propos de M. Butor, technopoète de livres-machines » : « Je récuserais le terme d'humaniste si l'on y voyait une valorisation absolue d'une notion de l'homme définie une fois pour toutes, en opposition avec ce qui n'est pas humain. Je suis homme certes, j'aime les hommes, mais je n'aime pas seulement les hommes et toute idée de l'homme qui ne se déborde pas vers l'animal ou la machine, ou plus généralement vers l'abhumain et le surhumain, aboutit nécessairement à une oppression de l'homme par lui-même »[1]. Vingt ans plus tard, nous nous sentons toujours fondamentalement en accord avec ce que nous avions alors exprimé. En même temps cependant, nous avons commencé à contourner l'impasse philosophique que toutes ces questions sans réponse possible cimentaient.

1. *L'inflation du langage dans la philosophie contemporaine*, p. 362-368.

De l'impossible philosophie de la technoscience à la bioéthique

Au cours des années 80, la bioéthique s'est progressivement révélée comme le chapitre le plus dynamique d'une philosophie des technosciences dont la nécessité et l'impossibilité s'étaient simultanément imposées à nous durant la décennie précédente. A vrai dire, ainsi que le laisse implicitement entendre encore *Le signe et la technique* (1984) qui écarte expressément la problématique bioéthique déjà vigoureusement développée à l'époque, la bioéthique ne nous a pas intéressé d'emblée, car ce que nous en avions lu était fort éloigné du questionnement philosophique *radical* caractérisant notre approche de ces problèmes nouveaux relatifs à des interventions opératoires actuelles et potentielles sur l'homme naturel-culturel. Cette radicalité n'a d'ailleurs pas cessé, par la suite, de colorer notre manière de pratiquer la bioéthique [1]. La bioéthique accentue immédiatement la dimension éthique des questions et de leur solution. Ainsi que nous l'avons rappelé, cette orientation moraliste s'imposait à nous comme, pour le moins, problématique. Elle risquait précisément de gommer la radicalité des défis et des possibles, en les ramenant hâtivement à des questions traitables à partir de l'une ou l'autre morale existante, philosophique ou religieuse. Or, ce qui nous paraissait mis en question par les possibles opératoires, ce n'était pas seulement les morales disponibles, mais l'« éthicité », la capacité éthique, les conditions de possibilité de l'éthique en général, indissociables de la condition humaine naturelle-culturelle devenue radicalement contingente et modifiable. Le problème était au fond « méta-éthique » : quel poids (quelle valeur, quelle fonction) accorder à l'éthique, toujours aussi concrétisée sous forme de morales, dans les réponses à donner aux questions suscitées par les technosciences ?

Dès le départ et encore aujourd'hui, la bioéthique s'est présentée à nous davantage « de l'extérieur », venant peu à peu élargir – peut-être exagérément – *un* sillon au sein de notre interrogation philosophique beaucoup plus générale. Au plan national et au plan international, nous avons été progressivement conduit à participer à des comités, commissions et groupes interdisciplinaires et pluralistes au titre d'expert. La compétence ainsi sollicitée était celle du philosophe n'appartenant à aucune confession : une voix jugée indispensable face, par exemple, à celle de philosophes et de théologiens catholiques. Autrement dit, dès le départ, la

1. Cf. *Le paradigme bioéthique*, Paris-Bruxelles-Montréal, De Boeck-Université-Erpi, 1990, et, plus récemment : *Entre symboles et technosciences*, Seyssel (Paris), Champ Vallon (PUF), 1996.

bioéthique nous a interpellé sous une forme qu'il serait plus exact de décrire comme « biopolitique », en liaison avec des questions de philosophie politique propres à une civilisation multiculturelle (composée d'un grand nombre de traditions et de sensibilités morales non convergentes) confrontée aux problèmes suscités par la RDTS (Recherche et Développement TechnoScientifiques). Cette situation nouvelle pour nous et qui n'a cessé d'être la nôtre et de se consolider depuis 1986 comporte des conséquences importantes.

(1) Une conséquence capitale tient dans un changement de rapport au langage. Au cours de nos tentatives d'élaborer une philosophie de la technoscience, nous entretenions au langage un rapport spéculatif et expérimentions en même temps l'obsolescence de ce rapport. Nous continuions à nous servir du langage et, tout spécialement, du discours philosophique comme si son instrumentalité se résumait à celle d'un *miroir*. Or, le miroir est bien le moins instrumental, le moins opératoire, de tous les outils, puisqu'il laisse toutes choses en l'état, se contentant de les refléter. Du pragmatisme (voir James déjà cité) au néo-pragmatisme (avec l'ouvrage de R. Rorty, *The mirror of nature*[1]), la critique a été portée contre cette conception de l'activité philosophique et cognitive en général (le projet de Science) comme étant essentiellement spéculaire et en harmonie avec la forme culminante de l'existence humaine : la vie « théorétique » du sage absorbé dans la contemplation de la vérité. Et la philosophie du langage, en particulier celle de L. Wittgenstein passant de la posture théorétique du *Tractatus logico-philosophicus* (avec sa théorie du langage comme image de la réalité) aux *Philosophische Untersuchungen* qui identifient le sens du mot à ses usages et soulignent l'opérativité infiniment diverse des termes et des phrases, a, de son côté, vigoureusement mis en évidence le fait que les langages sont des outils aux multiples fonctions[2].

Il faut être attentif à ne pas mécomprendre cette opérativité du langage et à ne pas en obscurcir la portée. Le langage ne constitue jamais (si ce n'est selon la magie) un instrument de transformation du réel physique. Le

1. La traduction française du titre est peut-être plus évocatrice : *L'homme spéculaire*, Ed. du Seuil, 1990.

2. Cette tendance qui fait basculer la représentation du langage du miroir vers les outils et les fonctions est comme une lame de fond de la pensée contemporaine aux expressions les plus diverses : opérationnalisme (Bridgman), sémiotique et pragmatique linguistique (Morris), philosophie des actes de langage (Searle), rationalisme critique (Popper), nouvelle rhétorique (Perelman), mais aussi, sous certains aspects, la philosophie de l'écriture (grammatologie), le structuralisme... Partout le paradigme référentiel et substantiel du sens a été battu en brèche. Ce paradigme assimilait le sens à une espèce matérielle, mentale ou idéale d'objet (le référé) donné, et désigné ou représenté par le mot ou la phrase.

langage est exclusivement un *outil de communication entre les humains* et, du même coup, un *outil d'action sur les humains* qu'il incline à faire (au sens physique et transformateur de la réalité objective, cette fois) ou à ne pas faire certaines choses, individuellement et collectivement[1].

Notre intervention dans le champ de la bioéthique nous a, d'emblée et sans désemparer, confronté à cette opérativité pratique du langage. En bioéthique certes, on prétend définir et décrire. Mais les définitions et descriptions se trouvent immédiatement chargées d'une fonction normative permettant ou interdisant de faire certaines choses : admettre ou refuser certaines recherches et certaines applications techniques. Cette portée pratique du discours est relative à des questions éminemment philosophiques, telles que la définition de la mort ou du début de la vie, ou de ce qu'est une personne, ou de ce qui est essentiel à l'être humain (par exemple, la reproduction sexuée ou la souffrance ou le vieillissement), ou encore la détermination de ce qui est naturel ou artificiel, des frontières entre les espèces et les règnes du vivant… La réalité, que le langage prétendait traditionnellement refléter, reçoit désormais son sens de ces réels possibles que l'on souhaite ou non construire, produire, transformer, multiplier, sans que l'on puisse bien les préciser, le plus souvent, en tous leurs aspects et toutes leurs conséquences. Ces réels possibles seront ou ne seront pas, suivant la volonté collective des hommes, orientée par les discours et les symboles qu'ils échangent. La parole bioéthique est foncièrement pratique et toute théorisation (décision théorique) doit y être approchée d'un point de vue pragmatique, c'est-à-dire du point de vue de ses conséquences au plan de l'action. Définir la mort, par exemple, sur base de certains critères utilisables seulement dans un contexte technoscientifique permet de faire un certain nombre de choses (prélèvement d'organes et de tissus, notamment) qu'une définition plus traditionnelle de la mort rendait difficile ou impossible.

Soulignons-le : cette reconnaissance de la nature pragmatique du langage et de la théorie est dans le droit fil d'une philosophie de la technique bien comprise. Elle comporte la reconnaissance de la portée technique – opératoire, pratique – de toute parole philosophique. Et ceci vaut

1. Ceci devrait être développé et nuancé dans plusieurs sens qui ne sont pas au centre de notre propos. A titre indicatif : le langage humain peut agir d'une manière très limitée sur des animaux ; les langues informatiques ont une opérativité physique inter-machinique ; dans la mesure où le langage humain agit sur les cerveaux humains, il a bien, à ce niveau, une opérativité physique effective et directe que le développement des neuro-technosciences précisera certainement à l'avenir et permettra, peut-être un jour, de contrôler et de diriger autrement (que par la médiation de signes).

également pour les discours métaphysiques, spéculatifs, ontologiques, naturalistes ou fondamentalistes, se disant exempts de toute opérativité puisqu'ils ne prétendent que refléter en vérité ce qui est. En fait, leur effet est seulement conservatoire : ils sont conservateurs ou réactionnaires, ils veulent freiner ou arrêter certains processus, certains possibles de la RDTS, certaines interventions et transformations de la nature et de l'homme. Ils véhiculent et protègent les représentations symboliques – non de la Réalité : telle est leur prétention affichée et la stratégie utilisée pour freiner et écarter les dynamiques transformatrices qui menacent leur pérennité – propres à certaines traditions et communautés : le Réel allégué est toujours celui de quelqu'un et pour quelqu'un.

(2) Une autre conséquence est qu'il est difficile pour le philosophe, intervenant dans le champ bioéthique, de ne pas prendre parti. Certes, il peut tenter de se limiter à une fonction d'analyse explicitatrice des présupposés, arguments, implications, valeurs sous-jacentes, croyances, opacités idéologiques, sophismes, etc., des discours qui s'affrontent au cours des débats et dans la littérature. Une telle approche est sans doute la plus classiquement philosophique : elle se veut éclairante, travail préalable à la discussion informée et critique des positions en présence. Une partie non négligeable de notre activité bioéthique a été dans ce sens [1]. Cette approche prolonge, sur un plan métalinguistique (analyse des discours), l'attitude théorétique, désintéressée, reflétant et explicitant sans la trahir la complexité des discours. Son innocence est cependant suspecte : à expliciter les présupposés, postulats non dits, arguments spécieux, conséquences imprévues, à creuser généalogiquement sous les morales, un travail de mise en perspective, de relativisation, voire de sape est inexorablement mené.

Travail indispensable pourtant afin qu'un véritable dialogue entre les perspectives éthiques divergentes puisse avoir ses chances. Or, la condition de possibilité d'un tel dialogue est que tous les interlocuteurs s'ouvrent à une attitude éthiquement *double*, dont les branches sont :

– des convictions morales personnelles fortes, le plus souvent partagées par une communauté et présentées dans ce cadre comme « vraies » ;

– la position méta-éthique qui permet à l'individu de se distancer de sa morale particulière et de reconnaître que d'autres positions morales existent et élèvent une égale prétention à la « vérité » et au « bien ».

1. D'où, notamment, le souci de produire une vocabulaire critique de la bioéthique dans un esprit non seulement multidisciplinaire mais aussi pluraliste : *Les mots de la bioéthique* (en collab. avec M.-H. Parizeau), De Boeck-Université-Erpi, 1993.

Avoir des convictions morales fortes avec la volonté de les défendre par des moyens pacifiques *et* en même temps être capable de faire preuve de tolérance et d'écouter les convictions morales autres, cette attitude double est la base de tout débat moral effectif. Au cours d'un tel débat, où les acteurs s'ouvrent aux autres au lieu de se replier sur leur vérité respective et exclusive, les positions morales peuvent évoluer dans le sens d'une sélection commune des meilleures attitudes à adopter, compte tenu d'un maximum de faits et d'intéressés. Le débat éthique devient alors comme le laboratoire symbolique d'expérimentation des convictions morales qui y interagissent. Nous pensons qu'une tâche prioritaire tient dans cette aide au débat éclairé et qu'elle revient au philosophe des technosciences intervenant dans le champ de l'éthique et de la bioéthique. Ce débat doit rester ouvert en dépit des attentes insistantes de conclusion, de décision et d'alibi qui l'assaillent (venant du monde du droit, de la religion, du politique, de l'économie).

Mais cette tâche, si respectueuse soit-elle de la diversité morale, met nécessairement cette diversité en évidence et mine les attitudes intégristes et fondamentalistes dogmatiques qui constituent autant de réponses exclusives à la condition humaine. Qu'il le souhaite ou non, le philosophe participe ainsi activement, dans le domaine de l'échange symbolique et spécialement moral, à ce que, dans un autre contexte, on appelle la « globalisation ou mondialisation ».

Telle que nous comprenons notre intervention – modeste, mais cela ne change rien à sa signification –, nous la décririons comme étant soucieuse d'*accompagner philosophiquement* les *processus* très divers, très complexes et aussi fort chaotiques, producteurs d'une civilisation en voie d'intégration planétaire, doublement caractérisée : d'une part, par la Recherche et le Développement TechnoScientifiques, dynamique motrice à laquelle les diverses régions de la planète participent très inégalement ; d'autre part, par cette inégalité même en sa diversité symbolique : celle des traditions, des cultures, des histoires, des mentalités, des formes de vie.

Les interactions entre la RDTS, elle-même complexe et multiple, et les cultures, les symbolisations individuelles, collectives, archaïques ou futuristes, sont à 90% spontanées et sauvages, irrationnelles, et manipulées par des intérêts particuliers souvent dépourvus de tout souci autre que celui de leur propre promotion. Se reconnaître philosophe de la technique avec un – inévitable – souci éthico-pratique, c'est, selon nous, contribuer à rendre plus conscientes, plus réfléchies, plus claires (ce qui ne veut pas dire : simplifier) les interactions du symbolique et du technique-opératoire, des signes et des techniques.

ELÉMENTS POUR UNE PHILOSOPHIE DE LA TECHNIQUE AVEC ÉTHIQUE

La position philosophique décrite jusqu'ici est méthodologique, méta-linguistique : elle concerne le débat et son souci est de clarifier les conditions et les modalités selon lesquelles les éthiques et les philosophies s'affrontent. Nous avons cependant déjà reconnu que la neutralité de cette position est toute relative, ne fût-ce qu'en raison des effets mêmes de relativisation qu'elle produit. Le postulat de cette position est qu'il existe une diversité éthique et philosophique, que la réduction de cette diversité ne peut être opérée par l'exclusion – au profit d'une voix dominante – de toutes les voix divergentes et qu'il n'existe pas de point de vue surplombant à partir duquel la réduction pourrait être opérée sans abus ni violence. Autrement dit, il n'y a pas de lieu hors débat, hors interaction – pas même pour la philosophie – et il n'est pas possible d'affirmer *a priori* si les conclusions des débats et des interactions conduiront ou non à des positions unitaires. Pris dans toute son ampleur, ceci signifie qu'il reste indécidé si l'avenir même très lointain de l'humanité s'inventera symboliquement et techniquement comme unité ou comme multiplicité : « A long terme (…), il n'y a pas de raison de penser qu'une seule espèce sortira de la nôtre. Il pourrait y avoir autant d'espèces qu'il y aura d'opportunités invitant à remodeler subtantiellement la nature humaine dans des environnements nouveaux, ou des raisons de refuser de s'y engager »[1].

Pour conclure cette présentation, nous allons évoquer en quelques points notre approche philosophique de la technique telle qu'elle nous apparaît aujourd'hui. Peut-être cette approche ne ressemble-t-elle pas à ce que certains appelleraient une « philosophie de la technique », car nos considérations seront très générales. Mais une philosophie de la technique n'a de sens que dans le cadre d'une pensée philosophique qui l'enveloppe, l'oriente et est orientée par elle. G. Simondon, peut-être le plus grand philosophe français de la technique, l'avait bien compris, lui qui, pour penser la technique, dut déployer simultanément une philosophie de la nature (de la physique à la biologie), une anthropologie philosophique (de l'individu au collectif) et une ontologie du devenir.

1. D'emblée, nous préférons parler d'une philosophie des *techno-sciences* ou de la *Recherche et Développement TechnoScientifiques* (RDTS) afin d'exprimer les liens multiples et inéludables (mais explicitables) entre

1. T.H. Engelhardt, *The Foundations of bioethics*, Oxford University Press, 1996, p. 417.

ce qui était anciennement distingué nettement: les sciences et les techniques, les processus économiques et les décisions politiques (qui incluent des conditions naturelles et culturelles). Ce qu'il nous est donné à penser, c'est notre civilisation multiculturelle inégalement polarisée autour de la RDTS : une mosaïque d'ontothéologies héritées du passé nouant des liens divers, d'attraction et de répulsion, avec des processus opératoires imprévisibles, irréductibles au symbolique et, pourtant, en interaction constante avec lui. Penseur de l'immanence active et opérative, nous sommes *dans* ces processus, structures et relations. La formulation théorique que nous en produisons a donc des effets sur les autres acteurs humains de l'immanence et contribue, ne fût-ce que d'une manière infime, à l'orienter. En termes philosophiques plus classiques, nous nous dirions assez proche du contextualisme ou du relationnalisme, que nous distinguons du relativisme. Cela signifie qu'il n'existe pas de norme définie universellement valable et applicable à toutes les situations qui paraissent devoir relever de son autorité : les interdits absolus et les tolérances sans limites devraient être également proscrits, car on peut toujours imaginer des évolutions et des situations où leur pertinence éthique serait mise en question, voire renversée. Mais le relationnalisme ou le contextualisme ne disent pas du tout – au contraire ! – que dans une situation déterminée (et l'on est toujours dans une situation déterminée), tout se vaut et est indifférent, comme cherche à le faire accroire l'accusation de relativisme souvent dirigée contre eux. Nous ne disons pas non plus que dans une situation déterminée il n'y a qu'*une* bonne solution, *un* bon choix, car les conséquences d'une décision se perdent rapidement dans l'imprévisible et l'incalculable, et le poids des facteurs environnants sur lesquels celui qui décide n'a aucune influence est souvent tel que des choix divergents aboutissent au même résultat à terme plus ou moins éloigné. Nous croyons cependant qu'au sein d'une situation donnée, il y a, la plupart du temps, clairement une gamme de solutions plus ou moins bonnes, et une série de réponses mauvaises. Le contextualisme ne nous épargne jamais l'obligation de juger, en fonction certes de règles disponibles, mais dont l'application n'est pas automatique et que les situations et évolutions particulières peuvent conduire à transformer. Cette attitude philosophique et éthique, qui n'est assurément pas de tout repos (songeons à la phrase de W. James citée en début), paraît seule appropriée pour survivre et progresser dans un monde de processus et d'événements, de choix et d'imprévisibilité, un monde diversement ouvert, complexe et métastable.

2. Nous prônons la tolérance et le sens de l'ouvert. Notre civilisation technoscientifique et multiculturelle se caractérise par la diversité des symbolisations (cultures, traditions) disponibles, qui sont autant de

réponses à la condition humaine et d'affirmations de la transcendance de l'homme. Nous pensons qu'il faut respecter cette propension humaine – aussi vieille que l'homme lui-même – à assumer et à transcender sa condition d'une manière symbolique, sans la modifier (et sans même croire qu'il soit possible de la transformer) opérativement. Remarquons que la transcendance symbolique utilise le langage comme instrument et qu'il est vrai que le développement de la capacité symbolique *a en effet été* la voie par laquelle les humains ont affirmé leur supériorité sur les animaux et leur domination de la nature. Mais cette supériorité du *zoon logon echon* a été imaginairement représentée comme élection divine et participation à un monde surnaturel, alors qu'elle n'était que l'effet des potentialités d'organisation sociale et d'invention instrumentale offertes par le langage en ses fonctions de communication et de représentation. Cela signifie toutefois que la transcendance de l'humanité a toujours été *aussi opérative*, depuis le premier silex taillé, le premier végétal cultivé et le premier animal élevé, depuis la première cité et la première drogue utilisée. Mais la transcendance opératoire de l'homme, sa capacité multiple et illimitée de se transformer, de se reconstruire, de s'inventer biophysiquement et de prolonger en même temps la créativité de l'univers, n'a commencé à s'affirmer comme telle que depuis très peu de temps, en se heurtant aux anciennes transcendances symboliques devenues conservatrices de l'homme naturel-culturel. La transcendance de l'homme doit donc s'entendre en divers sens et suivant deux grandes orientations : symbolique et technique-opératoire. Mais pour que la transcendance technique-opératoire puisse se poursuivre, il faut qu'une symbolisation appropriée l'accompagne. La transcendance de l'humanité a toujours été multiple, car les dieux ont toujours été nombreux. Il est donc parfaitement concevable que l'espèce, sur Terre ou dans l'Espace, se transforme et s'invente suivant des lignes technico-symboliques diverses, et que ces lignes ne se rejoignent jamais, ou seulement à l'infini.

3. La philosophie des technosciences doit prendre en considération la temporalité des technosciences [1]. L'époque n'est pas très éloignée où l'on ne comptait que quelques milliers d'années depuis le Commencement du monde dont la Fin était attendue dans un avenir prochain. Aujourd'hui, un abîme temporel sans aucune commune mesure avec l'échelle humaine du temps s'est creusé en amont et en aval de l'humanité. Le futur devant nous doit être compté en dizaines ou en centaines de milliards d'années, futur

1. Voir M. Weyembergh et G. Hottois (eds), *Temps cosmique. Histoire humaine*, Paris, Vrin, 1997.

radicalement ouvert et opaque dans lequel l'espèce se projette. La temporalité des technosciences – qui inclut aussi les paradoxes relativistes et quantiques, les micro-durées comme les macro-temps et les points de fuite où le temps semble se figer – n'a plus rien de commun avec ces histoires que nous racontent encore les religions et les idéologies. Elle relève davantage de l'imaginaire de la science-fiction.

4. Nous voulons retenir de cette temporalité démesurée qui dérobe tout horizon défini à la civilisation technoscientifique un double enseignement dont la portée est également éthique. D'abord, l'ouverture illimitée du possible et l'espérance infinie qu'elle comporte pour les générations à venir. Ensuite, la sagesse et la prudence, la responsabilité aussi : nous – l'humanité – *avons tout le temps.* Il n'est ni sage ni prudent de se précipiter, comme si demain encore, nous pourrions devenir « comme des dieux ». Moteur indispensable pour l'invention continuée du futur, l'utopisme, lorsqu'il s'affirme dans le court terme, est obtus et dangereux. La civilisation technoscientifique est malheureusement fort tentée par cette hâte qui dissimule son angoisse, son incapacité d'assimiler la contingence radicale associée à la démesure du temps. Assimiler : symboliser et intégrer affectivement d'une manière positive, constructive, chargée d'espoir, non de folie auto-destructrice. Comment préserver la dynamique de transcendance opératoire compte tenu de l'immensité de la durée et de tous les aléas qui la parsèment ? Comment éviter la précipitation et toutes les fausses espérances sans risquer d'abandonner en même temps le dynamisme de la recherche et de renouer avec des transcendances purement symboliques ? Comment créer et entretenir la tradition de la civilisation technoscientifique et de la transcendance opératoire de l'espèce humaine sachant qu'elle devra se poursuivre sur des millions et des milliards d'années ? Quelle mémoire, quelles formes de transmission mobiliser à cette fin ? Comment ne pas étouffer toute créativité sous la masse de ce qui est à préserver et comment, en étant sélectif, ne pas écarter irrémédiablement le souvenir de l'expérience ou du possible qui, un jour, se serait révélé salvateur ?

5. Survivre, évoluer, préserver : il ne nous paraît pas douteux que les technosciences sont d'une aide exceptionnelle pour cette triple consigne. Survivre : le développement des techniques permet et permettra à l'espèce humaine ou à des fractions de l'espèce humaine de survivre dans des milieux et à des événements radicalement incompatibles avec toute vie laissée à ses seules forces biologiques naturelles. Evoluer : les technosciences offrent à l'humanité des potentialités immenses d'évolution analogues (mais pas du tout identiques) à l'évolution « naturelle » des vivants ; elles prolongent la créativité cosmique et l'enrichissent de

nouvelles formes imprévisibles; conscientes, décidées et aidées par les moyens du calcul, de la simulation et de la discussion, les expériences évolutives pourraient aussi mener à moins d'échecs chargés de souffrances. Préserver : ce n'est pas le savoir-pouvoir des technosciences qui comporte ces conséquences destructrices de la biosphère si souvent exclusivement soulignées, mais d'importantes composantes de notre civilisation qui utilisent mal ce savoir-pouvoir. En réalité, celui-ci comprend déjà et ne cesse de développer des capacités inouïes de mise en mémoire et de résurrection du passé. Il est absurde d'opposer nature et technoscience, comme si la nature se caractérisait par le souci de préserver ses créations, alors que les technosciences seraient nécessairement destructrices des créatures naturelles et de leurs propres productions. L'évolution naturelle, géologique et biologique, est un cimetière d'espèces, elle a toujours été catastrophique. Le savoir-pouvoir des technosciences commence à nous accorder les moyens pour que l'évolution au futur soit moins terrible et pour que l'invention de formes nouvelles ne soit pas totalement oublieuse des formes qu'elle supplante.

6. Les points qui précèdent sont des indications brèves de la « philosophie et de l'éthique de la technique » que nous nous efforçons de communiquer à travers nos écrits et nos interventions dans des réunions nationales et internationales. Ils ne dissimulent pas les interrogations, qui n'ont pas pour nous profondément évolué en un quart de siècle. Toutefois, le temps a passé et l'auteur a changé. La vie – individuelle – a l'air bien plus courte aujourd'hui, et nous savons que nous n'aurons pas à affronter cette étrangeté vertigineuse du très lointain futur de l'humanité, qui nous serait, en effet, tout à fait inassimilable. Nous savons aussi que nous ne serons pas « comme des dieux ». Ce qui nous paraît de plus en plus important désormais est que l'aventure puisse se poursuivre, au-delà de nous-même et de notre génération. *Symboliser dans ce sens-là*, qui est celui de la transcendance de l'humanité telle que nous cherchons à la comprendre en intégrant sensibilité religieuse et opérativité techno-scientifique, est l'impératif – éthique? – qui s'impose de plus en plus clairement à nous en tant que philosophe et, plus simplement, en tant qu'homme.

DEUXIÈME PROCESSUS : LA SOCIÉTÉ

LES TECHNOSCIENCES *DANS* LA SOCIÉTÉ ?

LA CLÔTURE SOCIO-ÉCOLOGISTE ET L'ASSERVISSEMENT DE LA RDTS

Le titre de cette étude est en consonnance avec un présupposé philosophique majeur des tendances socio-écologistes : la clôture, l'insistance sur les limites antipables et à anticiper. Pour l'écologisme, la clôture, c'est non seulement la biosphère (la nature terrestre), mais la biosphère *maintenant*, c'est-à-dire telle qu'elle est connue par la science d'aujourd'hui et utilisée par le système technique actuel.

Pour de nombreuses voix sociologistes, économistes et politiques, la clôture c'est l'utopie, baptisée « projet de société », dont un objectif majeur est de *soumettre* la dynamique technoscientifique, de la contrôler en la plaçant fondamentalement au service du projet de société, c'est-à-dire d'un projet politique. Les expériences communistes ont illustré cette ambition avec les conséquences que l'on sait, mais l'idée en demeure toujours très vivace sous des formes multiples.

Ainsi, Alain d'Iribarne : « (La société) est donnée comme un "cahier des charges" auquel il est proposé de soumettre les développements technologiques (...) »[1].

De même, Serge Latouche veut « une société qui réenchâsserait l'économique et le technique dans le social, qui réenchaînerait Prométhée, qui remettrait l'économique et le technique à la place subalterne qui doit être la leur, plutôt que de confier à une domination illimitée de la nature et à

1. « Les technologies de l'information dans la cité : vie participative et citoyenneté » in *Transversales Science Culture*, mai-juin 1996, n°39, p. 28.

une concurrence généralisée et aveugle la solution de tous les problèmes humains »[1].

Une image vient à l'esprit : il y a la « boîte à outils » (la technique) à l'intérieur de la « boîte sociale » à l'intérieur de la « boîte naturelle » (la biosphère).

Ainsi, Jean-Paul Maréchal précise que « (...) la sphère des activités économiques est incluse dans celle des activités humaines, elle-même incluse dans la biosphère ». Cette « relation d'inclusion » impose des normes fondées sur « la reproduction du milieu naturel » et cantonnant « le libre fonctionnement à l'intérieur de contraintes écologiques quantitatives et qualitatives (...) »[2].

L'important, c'est que dans cette perspective, la RDTS doit être subordonnée *a priori* à des normes et contraintes qui lui assignent limites et finalité. Le rôle de la RDTS dans l'invention du réel (y compris de l'homme) est tout à fait asservi, à la fois par la nature (la donne biophysique) et par l'institution symbolique (le plan ou projet social). Nature et société sont présentées comme des ordres préalables, connaissables et normatifs.

Le philosophe ne peut tomber d'accord avec cette subordination et cette clôture que rien ne justifie au vu de l'évolution naturelle et de l'histoire humaine : la nature n'est ni ordonnée ni stable; l'institution des sociétés est diverse et le plus souvent barbare. Rien n'est plus dangereux qu'une utopie socio-politique qui mettrait fin à l'histoire et qui instrumentaliserait complètement sciences et techniques à son service, c'est-à-dire au service de sa perpétuation, extension et reproduction. Gilbert Simondon[3] a souligné ce danger d'une subordination de la technique au symbolique (en particulier à un symbole clos, par-fait : un intégrisme par exemple, quel qu'il soit, théologique, sociologique ou écologique) : il ne faut pas « vouloir arrêter l'évolution possible en considérant que l'état déjà atteint nous permet de définir un règne des fins, un code dernier des valeurs (...) la culture comme système de fins maintient en tutelle l'activité technique (...) mais le pouvoir d'auto-position de l'acte technique dépasse la fermeture du règne des fins » (p. 11).

Simondon a aussi souligné la dimension d'ouverture que la recherche technoscientifique apporte à l'intérieur de la clôture communautaire. A ce

1. « La mégamachine et la destruction du lien social » in *Terminal*, Eté 1994, n°64, p. 19-20.

2. « L'écologie de marché, un mythe dangereux », in *Le Monde diplomatique*, octobre 1996. Une référence expresse à l'heuristique de la peur de Jonasy est développée quelques lignes plus bas.

3. *L'individuation psychique et collective*, Paris, Aubier, 1989, p. 262-263.

propos, il remonte à l'origine même de la philosohie au VIe siècle avant notre ère, en montrant que les premiers philosophes ont pu conquérir le sens de la liberté et de l'universalité parce qu'ils étaient des chercheurs et inventeurs axés sur la phusis (la nature) et donc non enfermés dans le particularisme idéologique d'une société déterminée.

« Le technicien, dans une communauté, apporte un élément neuf et irremplaçable, celui du dialogue direct avec l'objet (...). L'ingénieur, dans les cités grecques d'Ionie au VIe siècle avant J.C., devient le technicien par excellence (...) Thalès, Anaximandre, Anaximène sont avant tout des techniciens. On ne doit pas oublier que la première apparition d'une pensée individuelle libre et d'une réflexion désintéressée est le fait de techniciens, c'est-à-dire d'hommes qui ont su se dégager de la communauté par un dialogue direct avec le monde (...) la véritable activité technique est aujourd'hui dans le domaine de la recherche scientifique (...). Les individus libres sont ceux qui effectuent la recherche, et instituent par là une relation avec l'objet non social ».

Un autre moment de l'histoire occidentale sur lequel Simondon insiste est le temps des Lumières et de l'Encyclopédie, crucial pour le développement d'une culture technoscientifique universelle et la mise en place d'institutions protégeant la liberté et l'universalité, en particulier les droits de l'homme.

Soulignons les deux points de Simondon :

(1) la RDTS émancipe non seulement par rapport aux servitudes physiques, matérielles grâce à l'invention de techniques ; elle émancipe aussi par rapport aux *asservissements symboliques, idéologiques, politiques*. La normativité idéologique tue la recherche technoscientifique ; celle-ci ne peut supporter celle-là. Simondon montre bien que l'enjeu est la *recherche* technoscientifique, et non pas les technologies acquises, disponibles. Seule la recherche exige, par elle-même, liberté, imagination, ouverture. Les technologies disponibles peuvent toujours être utilisées, quant à elles, par un pouvoir d'une manière répressive et à son service exclusif. Mais la RDTS n'est pas la Mégamachine (qui suivant Mumford, inventeur de l'expression, est d'ailleurs originellement et essentiellement sociopolitique) ni le Système Technicien d'Ellul. La recherche technoscientifique postule la liberté ; les techniques qu'elle produit peuvent être, mais ne sont pas nécessairement, placées au service de la liberté ;

(2) la RDTS ouvre dans les particularismes des communautés une *dimension d'universalité*, c'est-à-dire une rationalité, une légalité, indépendante des pouvoirs subjectifs et intersubjectifs. Cette légalité s'impose identiquement partout à tous les pouvoirs symboliques, à toutes les institutions. Il s'agit, pour Simondon, d'abord, de l'universalité des lois

de la nature et des démarches techniques à suivre si l'on veut les exploiter. Les procédures technoscientifiques sont opératoires par rapport à la réalité physique, indépendamment du contexte culturel, idéologique, juridique, politique, indépendamment des croyances des individus et de leur adhésion à ces règles. Les règles, procédures et normes symboliques, les institutions sont, au contraire, totalement dépendantes de l'adhésion subjective et intersubjective des individus qui composent une société. Une règle de droit et la sanction de sa transgression n'existent que s'il y a des humains qui y adhèrent et la font (par leur action) respecter. C'est ce qui la distingue d'un processus physique, chimique, biologique ou mécanique. Or, l'action humaine renvoie à la liberté humaine; elle n'est ni un instinct, ni un tropisme, ni quelqu'enchaînement purement causal. La règle de droit ou de morale peut être, à tout moment, suspendue. Telles ne sont pas les règles technoscientifiques, indépendantes des désirs humains. Ceci ne veut pas dire que les contextes, croyances, volontés socio-politiques, mentalités, ne conditionnent pas la découverte et la mise en œuvre technoscientifiques des lois naturelles. Cela signifie seulement qu'il ne suffit pas à l'individu ou à la collectivité de changer de croyances et de conventions pour que les lois de la nature et les démarches techniques physiquement efficaces suivent. En revanche, un changement de croyances et de conventions constitue bien un changement de société. Si j'insiste sur ces truismes, c'est parce qu'ils sont loin d'être toujours compris et reconnus dans la littérature contemporaine sur les sciences et les techniques, spécialement dans la littérature philosophique de mouvance postmoderne, tentée par le « tout culturel » (ou le « tout social, politique, rhétorique, *humanistique*, etc. »). Pour s'en convaincre, il suffit de songer à la récente « affaire Sokal » qui a permis la cristallisation d'un certain nombre de symptômes.

UNIVERSALITÉ ET / OU ÉMANCIPATION MODERNITÉ ET POSTMODERNITÉ

La question de l'universalité technoscientifique appelle cependant plusieurs remarques. Que peut être sa traduction ou son expression culturelle, sociale ? Une transposition simple de la légalité physique à la légalité humaine est inacceptable. Elle conduirait précisément à ce dont Simondon lui-même ne veut en aucun cas : une société technocratique sur le modèle de la Mégamachine. Mais la culture technoscientifique universelle souhaitée par Simondon est-elle bien concevable? Pour J. Ellul (cf. *Le système technicien et Le bluff technologique*), elle ne l'est pas, car une culture est toujours particulière, d'un lieu, d'un temps, d'un langage, d'une tradition. L'universalité technoscientifique serait destructrice de toute culture. M. Henry, dans *La barbarie*, est d'un avis analogue : il voit une contradiction insurmontable dans l'amalgame de la science (technique) et de la culture. Pour beaucoup d'auteurs, des philosophes notamment, l'expression « culture scientifique » ou « culture technique » est un monstre sémantique.

On peut se demander si l'idée d'une traduction de l'universalité de la science-technique en une culture et société universelles n'est pas étroitement liée à un moment du développement de la science et de la technique : le moment de l'Encyclopédie, c'est-à-dire de la Modernité, où l'on croyait à une explication scientifique complète et une du monde et où le nombre et la variété des techniques disponibles, donc d'exploitations transformatrices possibles du réel, demeuraient très limités. Ce moment « moderne » se serait prolongé jusqu'au milieu du XXe siècle.

Dans « Culture et technique »[1], Simondon note que les grands projets technoscientifiques – telle la conquête spatiale – transcendent les nationalismes qui avaient naguère communiqué force et symbole à d'ambitieuses réalisations techniques (il donne l'exemple de la Tour Eiffel). Les mégaprojets contemporains ne pourraient plus être justifiés à partir du point de vue intra-culturel d'un groupe particulier. Ils postulent une civilisation technique universelle et concernent l'évolution de l'espèce humaine comme telle. L'universalité promue n'est pas la froide légalité technoscientifique, mais un sentiment d'appartenance au genre humain, une dynamique oecuméniste avec ses symboles chargés d'avenir, dont un moteur est la RDTS. Une sorte de nouvelle religion donc, mais dont les symboles ultimes ouvriraient sur l'action, l'opération, le futur, inanticipable et à produire par l'humanité, et pas sur une transcendance toujours déjà là, (or)donnatrice et limitatrice.

Simondon laisse entendre que le principal effet de l'universalité technoscientifique est un effet de *déliaison*, d'émancipation, par rapport aux particularismes symboliques des cultures et des sociétés.

Cette déliaison focalise abstraitement l'humanité et concrètement l'individu, au lieu de la communauté. Son expression la plus élaborée reste la Déclaration Universelle des Droits de l'Homme. Mais, dans cette perspective, la philosophie des droits de l'homme est moins une philosophie de la raison qu'une philosophie de la *liberté* et de la *volonté*. Elle protège, d'abord, les libertés individuelles et personnelles.

1. in *Bulletin de l'Institut de philosophie* de l'Université Libre de Bruxelles, 55-56, 1965.

Au cours de la seconde moitié du XXe siècle, cette philosophie s'est étendue à la protection des collectifs : peuples et collectivités vulnérables. De plus en plus, c'est outre la liberté, le droit à la différence qui est protégé. Ce processus conduit de la modernité à la postmodernité.

Le monde moderne était celui d'une science une et universelle, d'essence théorique et expliquant l'univers au moyen de sa représentation vraie. Il était aussi celui d'une capacité technique très limitée, entendue comme une *application* de la science et donc extérieure à celle-ci, n'affectant fondamentalement ni la nature ni la nature humaine. La technique constituait un ensemble d'outils au service du progrès matériel de l'humanité, condition de son épanouissement spirituel.

Dans le monde postmoderne, où nous sommes, la technique n'est plus extérieure à la science qui n'est plus « pure » ni foncièrement théorique et discursive (d'où les questions pratiques et éthiques suscitées par la science contemporaine y compris au plan de la recherche). La diversité et la puissance opératoire des technosciences ne cessent de croître ; leurs potentialités de déconstruction et de création n'apparaissent plus bornées *a priori* par aucun ordre naturel ; la conception instrumentaliste et anthropologocentrée de la technique est devenue en partie obsolète dans la mesure où le sujet humain lui-même a été naturalisé et de plus en plus opérationnalisé par les technosciences.

D'un monde explicité par la philosophie de Kant ou de Hegel, voire même de Marx, nous sommes passés à une époque dont la dynamique est davantage à penser à partir de Nietzsche, et plus proche de nous, à partir de philosophes postmodernes de la différence et du nihilisme, tels Foucault, Deleuze, Derrida, Vattimo, Lyotard ou encore Rorty et Engelhardt.

Les signes de ce monde sont la liberté, le primat de la volonté, le désir, la puissance (contrôle et créativité), la déliaison, l'opérativité, le processus, le mouvement…

En termes d'économie, ce monde est bien un monde du « laisser faire et laisser passer » ; en termes philosophiques, il est un monde du nihilisme négatif *et*, de plus en plus, *positif ou affirmatif.*

Ce monde est indissociable de deux *opérateurs majeurs* : l'*argent* (avec le capital et le marché) et la *technique* (la technoscience). Ainsi que le reflète le vocabulaire de l'économisme contemporain qui ne parle que de « dérégulation, de délocalisation, de déréglementation, de flexibilité, de flux, de change et de circulation », ces deux opérateurs sont, au plan philosophique, des opérateurs de désontologisation, de potentialisation, de déterritorialisation, de désymbolisation ou de décodage, de mobilisation…

L'ARGENT ET LA DÉLIAISON SYMBOLIQUE ILLIMITÉE

Dans la logique de la substitution de la valeur d'échange à la valeur d'usage, l'argent est, par excellence, un instrument de déliaison. Il est l'artifice symbolique qui permet de mobiliser et de délier tous les ordres, toutes les hiérarchies symboliques, des individus et des collectivités. L'argent est l'opérateur de désymbolisation puisqu'il permet l'échange de tout et de n'importe quoi, tout trouvant un prix. Aucun être de nature, aucun être de culture, aucun être technique n'échappe, en principe, à cette commutativité universelle dont l'espace est le marché. L'échange ne se subordonne à aucune ontologie ni à aucune axiologie préalable : axiologies et ontologies sont perçues comme des cristallisations symboliques transitoires, des rationalités éphémères et locales, que la mobilisation et l'échangeabilité universelle emportent. Les ordres et hiérarchies symboliques surgissent dans l'espace chaotique de la mobilisation mercantile universelle, l'influencent un temps et localement, mais ils ne peuvent le structurer durablement et le stabiliser globalement. La puissance ou la liberté ou le désir d'échanger et de changer ne reconnaissent aucune limite. Enfin, sous la forme du capital financier, l'argent permet aussi d'accumuler indéfiniment de la puissance d'échange.

Je voudrais, dans ce tableau bien connu, souligner ceci : par eux-mêmes, argent et capital financier sont seulement des moyens d'*échanger*, rien d'autre ni de plus. Ils ne sont pas des opérateurs de *changement* ou de *transformation*. Ce sont des instruments de déliaison symbolique, ontologique et axiologique, qui mettent tout ce qui est donné ou produit à disposition libre. Ce ne sont pas des opérateurs de production, d'invention ou de création biophysiques. Leur réalité est purement symbolique et telle est leur action. C'est pourquoi Deleuze (cf. *Capitalisme et schizophrénie. L'Anti-Œdipe*) croit pouvoir repérer, dans le capitalisme, une sorte de manège infernal qui consiste à décoder et à recoder sans cesse : décodage de toutes les cultures, de toutes les valeurs, de tous les territoires, de tous les sacrés, mais aussi recodage sous forme de modes, de « must », de cultures d'entreprise, de « hit parades », de publicité, de nouvelles limites symboliques à franchir, etc. Tous recodages éphémères sans autre avenir que le décodage (la dévalorisation) au profit de nouveaux codages… Cette critique me conduit à évoquer les limites d'une conception purement économiste de la RDTS. Nous passerons ensuite à l'autre opérateur de déliaison-émancipation (la technique) et à la synergie des opérateurs.

LIMITES D'UNE PENSÉE ÉCONOMISTE DE LA RDTS

La pensée économique inclut traditionnellement une prise en compte de la technique. Cette reconnaissance par l'économie de l'importance des techniques a été le signe d'une précoce lucidité. Le revers en est, en tous cas aujourd'hui, une vue trop courte sur les technosciences. Car la technique décrite par l'économie est foncièrement de production (et non de création), elle est instrumentale et au service de la satisfaction des besoins humains supposés déterminés par une nature humaine foncièrement stable dans un environnement naturel qui ne le serait pas moins. L'accentuation contemporaine de la notion de *désir* n'a pas bouleversé cette vision. Le désir est considéré comme le besoin typiquement humain de jouir de biens et de services toujours plus variés et renouvelés ; le désir n'est ainsi que le besoin qui se transporte, d'objet de consommation en objet de consommation. La technique est placée par l'économie au service de la satisfaction et de l'entretien des désirs des individus dans les limites d'une nature donnée.

En réalité, et c'est le point sur lequel je voudrais insister, l'illimité du désir et de la technique sont banalisés par l'économisme parce que celui-ci reste foncièrement attaché à la vocation première de l'économie : être la science et l'art de la gestion de l'*habitat*, de l'administration de la maison. Economie domestique, économie politique, habitat-maison, habitat-cité, habitat-milieu : *l'économie appartient à une philosophie de l'habiter et du gérer qui postule un homme sédentaire non un nomade ou un être d'aventure.* En dépit des apparences, et comme le rappelle une étymologie commune, l'économie et l'écologie sont de très proches parentes. Elles habitent la même maison : l'une au foyer, la seconde au jardin. Une autre apparence trompeuse est celle de la mobilité de l'homme économique contemporain, en réalité foncièrement sédentaire. Cette illusion est l'effet de l'extension de la maison à l'ensemble de la planète, mais les dimensions de la maison ne révolutionnent pas la philosophie économiste de l'habiter.

La grande maison et du même coup la seule utopie propre à la société d'économie capitaliste postmoderne ressemble à un Super-Marché aux dimensions de la planète, avec de grandes serres, des galeries qui évoquent le bazar ou le souk et des départements misérables dans des coins sombres et pas très sûrs. La mobilité des échanges, le mouvement des consommateurs, ne sont qu'effets de surface. Le fond est immobile, car le jeu des échanges satisfait assez la très large majorité de ceux qui peuvent y participer et captive, c'est-à-dire fixe, l'imaginaire des exclus qui voudraient y entrer.

La philosophie économiste conçoit les humains comme des consommateurs et des échangeurs de produits ; elle ne voit pour l'humanité nul autre avenir ou vocation que cette vie de grande surface. Aussi, les seules questions qu'elle pose encore sont des questions de philosophie sociale et politique : des questions de justice, d'égal accès au libre marché mondial. Jamais des questions de sens et de finalité. C'est pourquoi on a pu dire que le Super-Marché mondial postmoderne est la Fin de l'Histoire. La seule finalité encore viable semble être de permettre à un maximum d'individus de jouir d'un maximum de produits à consommer; le seul rêve des pauvres semble être de rejoindre le paradis de la consommation; le seul rêve des nantis semble être de consommer toujours davantage et de façon plus variée. La philosophie économiste est au service de l'homme naturel-culturel; elle l'achève en quelque sorte. Elle ramène aussi à lui et, du même coup, occulte ce qui dans la dynamique technoscientifique excède l'économisme. Car à la source de la vitalité de l'économie, il y a bien la productivité et la créativité de la RDTS. Sans elle, sans ses inventions, on aurait tôt fait le tour des êtres de culture et de nature à vendre sur le marché planétaire. De plus en plus, les nouveautés viennent des sciences et des techniques, dont la pensée économiste (et écologiste) prend mal la mesure.

Ainsi que je l'ai dit déjà plus haut, l'intégration, sans réelle extériorité, des sciences et surtout des techniques dans l'économie est philosophiquement insatisfaisante. Elle tronque gravement la RDTS ainsi que les intentions qui traversent, plus particulièrement, la recherche technoscientifique. Celles-ci ne sont pas réductibles, dans le chef d'un grand nombre de ses acteurs, à des visées exclusivement économiques. Une philosophie de la technique ou de la technoscience ne se réduit pas à la philosophie de l'économie assortie d'analyses et de réflexions sociales et politiques.

L'OPÉRATEUR TECHNIQUE D'ÉMANCIPATION

L'argent, le capital, l'universalisation de la valeur d'échange sont émancipateurs par rapport aux ordres symboliques. Ils mobilisent, transforment et surtout délient psychologiquement et sociologiquement : ils opèrent sur les sujets et entre eux, ils concernent la fonction symbolique. Ils ne transforment pas les réalités biophysiques. La déliaison symbolique opérée par l'économie monétaire de marché ménage seulement des conditions psycho-sociologiques (une mentalité) favorables à la transformation illimitée des choses dont les produits viendront sans cesse enrichir le jeu de l'échange.

Mais si l'argent est l'opérateur symbolique de libération par rapport aux lois et aux liens symboliques, *la technique est l'opérateur physique d'émancipation par rapport aux lois physiques ou, plus précisément, par rapport aux structures, accidents et processus qui constituent le corps et le monde humains, l'homme et la nature tels que des millions d'années d'évolution les ont produits.* Aujourd'hui, c'est dans les domaines des technosciences biologiques et biomédicales ainsi que des technosciences de l'information, de la communication et du virtuel que la portée libératoire de la RDTS par rapport aux contraintes biophysiques, *données mais contingentes*, se manifeste de la manière la plus spectaculaire. Ce mouvement n'est pas nouveau; depuis son apparition, l'homme a été artificieux, rusant avec les obstacles et les inerties opposées à sa liberté et à son désir. Il s'est seulement accéléré, diversifié et amplifié d'une manière extraordinaire au cours des deux derniers siècles. Il est aussi devenu illimité au sens où il ne reconnaît plus aucune limitation *a priori* (ce genre de limitation – ontologique, axiologique – est toujours de nature symbolique et associé à un fondamentalisme métaphysique, transcendantal ou théologique). Seules existent encore des limites contingentes, expérimentées et dépendantes d'une configuration non nécessaire de la matière biologique et physique. De telles limites ne doivent jamais être considérées comme absolument et définitivement insurmontables : elles ne marquent des frontières que par rapport à un contexte biophysique et technoscientifique donné. La conscience d'une illimitation de la dynamique émancipatoire devrait essayer de tenir compte de l'immense ouverture de l'espace et surtout du temps, particulièrement du futur.

SYNERGIE DES OPÉRATEURS DE DÉLIAISON

La synergie des opérateurs technique et monétaire est la plus éclatante dans leurs effets conjugués de désontologisation, c'est-à-dire de détachement de l'homme par rapport à toute nature donnée. L'argent permet *symboliquement* le remplacement de n'importe quoi, puisque tout à un prix. Ainsi défrayera-t-on tel peuple autochtone de la perte de son territoire (ce qui constitue pour lui une perte ontologique, s'agissant de la Terre Sacrée des Ancêtres) néo-colonisé par une transnationale. La technique, de son côté, permet le remplacement *physique* de n'importe quoi par un artefact souvent jugé supérieur (plus sûr, plus fonctionnel, plus performant, ...) au donné naturel ou au produit ancien.

D'autre part, et contrairement à ce qu'affirme Deleuze (*oc*), le capitalisme, « décodeur » symbolique universel (la « déterritorialisation »), ne se contente pas, afin de maintenir son mouvement, de l'invention de nouveaux codages, de l'imposition de nouvelles limites symboliques à transgresser. Une partie considérable du capital est investie dans la RDTS, c'est-à-dire que la puissance symbolique illimitée de l'argent est transformée en puissance technique de faire, de transformer, de créer physiquement. Par l'argent, au moyen du capital, et sans doute avec l'aide des tentations et divertissements consuméristes et gadgétophiles, l'humanité – dont le désir et la soif d'infini font partie – s'est engagée dans des processus non plus symboliques mais physiques d'autotransformation indéfinie. Ces transformations-là se heurtent à des résistances et des limites qui ne sont pas symboliques et effets de recodage ou de reterritorialisation. Ces limites sont biologiques et physiques. Elles sont donc aussi empiriques, c'est-à-dire contingentes et potentiellement susceptibles d'être déplacées, modifiées, *indéfiniment.* Certes, il faut que ces limites physico-techniques soient symboliquement investies comme des défis que l'homme doit relever (songeons par exemple à la conquête spatiale, à la réalité virtuelle totale, au séquençage du génome, au contrôle des processus de sénescence, etc.). Des investissements symboliques à rebours, conservateurs ou réactionnaires, sont d'ailleurs fréquents. Ils présentent les limites physiques et techniques comme des frontières non transgressibles, ontologiquement et éthiquement. La RDTS se trouve alors reterritorialisée, limitée au nom de Dieu, de la Nature ou de la Finitude humaine. La RDTS rencontre ainsi bien des résistances symboliques venues des traditions, des religions et des idéologies qui, très souvent, tentent de transformer imaginairement les contraintes empiriques contingentes en limites nécessaires, métaphysiques, absolument infranchissables sous peine d'échec ou de sanction apocalyptiques. Les discours sur la technique et sur les technosciences sont remplis de tels phantasmes, en particulier dans les domaines de la biomédecine et des biotechnologies. La référence à la « nature » y est systématiquement ambiguë, oscillant entre la réalité empirique transformable et l'idée d'une nature immuable en son essence. Cette dernière est une élaboration symbolique de la nature allant dans un sens métaphysique ou théologique, beaucoup plus proche d'un créationnisme que de l'évolutionnisme.

PREMIÈRE ÉVALUATION GÉNÉRALE

Mon hypothèse est que la dynamique technoscientifique d'émancipation par rapport à toute contrainte symbolique et biophysique donnée est en soi *bonne*, dans la mesure où elle coïncide avec un processus de libération, de diversification, d'enrichissement au sens de l'épanouissement des possibles et des virtualités La première conséquence immédiate est que je suis donc complètement en désaccord avec tous ceux qui combattent cette dynamique *pour elle-même*, parce qu'ils jugent la liberté et le désir mauvais. Tous ceux d'abord qui, expressément ou non, exigent la soumission à un quelconque fondamentalisme de la Loi naturelle ou divine, limitant absolument l'avenir de l'homme. Cette Loi, présentée comme supra-humaine (ni posée ni abrogeable par les hommes), est, en réalité, toujours une Loi (un ensemble d'énoncés) qui a été à un certain moment et dans un certain contexte affirmée par des hommes, par un collectif humain, et ainsi transmise de génération en génération. La Loi est toujours celle d'un Pouvoir humain dans un contexte social et naturel contingents. La Loi lie symboliquement; elle est hostile à la libre recherche, au libre change et au libre-échange; elle ne reconnaît l'opérativité technique que dans la mesure où celle-ci la sert.

Une fois postulé le caractère foncièrement positif de la dynamique de la RDTS qui vise à faire de l'Homme un « Dieu » libéré des contraintes de la matière, il faut se tourner vers les problèmes associés à la concrétisation effective de cette dynamique. L'on pourrait résumer ces problèmes en disant que, *de facto*, la RDTS conduit seulement à faire de *quelques* individus des *pseudo-dieux*.

Mais avant d'aborder ces problèmes, je voudrais qu'un point soit clair. De deux choses l'une : ou bien on considère que les problèmes suscités par la RDTS sont des difficultés solubles qui n'affectent pas la valeur intrinsèque de l'esprit émancipatoire de la RDTS. Ou bien on voit dans ces problèmes les symptômes indubitables d'une malfaisance essentielle à la RDTS, à la Science, à la Technique, à l'Argent, au Désir, à la Puissance et à la Liberté, que l'on cherche dès lors à combattre et à réprimer comme tels et partout là où ils s'expriment, en rêvant au retour à un monde ontologiquement stable. Cette alternative ne fait que reformuler une très ancienne question théologique et, bien entendu, philosophique concernant la liberté et la condition humaines.

Ma position est qu'il faut impérativement *accompagner* la RDTS, accompagnement symbolique qui va de l'information à la philosophie en passant par l'éthique et le droit. Mais pour réussir cet accompagnement, il faut d'abord croire dans la positivité de la RDTS, et non pas la dénoncer, à cause des graves problèmes auxquels elle est associée, au nom d'un fondamentalisme religieux ou écologique, de partis-pris conservateurs ou réactionnaires en faveur des « vraies » valeurs onto-théologiquement fixées du passé. De mon point de vue, ces positions n'offrent pas un projet de société ni un avenir à l'humanité auquel je puisse me rallier. De plus, appréhender, critiquer et vouloir révolutionner globalement notre monde technoscientifique à partir d'elles est inapproprié et conduit, sinon peut-être *localement et pour un temps*, à plus de souffrances et de misères encore. Hostile à la dynamique de la RDTS, un fondamentalisme ou un intégrisme quel qu'il soit ne peut que détruire cette dynamique tout en essayant de conserver ou de développer certains secteurs technologiques (de contrôle, de maîtrise, de surveillance, les armes) en les subordonnant à son Pouvoir symbolique.

Accompagner la RDTS postule, au contraire, que l'on préserve un rapport de liberté non seulement à l'égard du symbolique (donc pas de dogme, pas de fanatisme), mais aussi par rapport à la RDTS, dont le procès n'est nullement automatique, prédéterminé et indépendant de ce que pensent et décident les acteurs humains. L'invention du futur est dans l'interaction complexe des dynamiques RDTS et des dynamiques symboliques. Mais pour qu'un tel avenir soit possible, pour que ces interactions aient lieu d'une manière créative et positive, il faut que les choses demeurent ouvertes et libres : il ne faut pas que les technosciences soient asservies par des traditions, des pouvoirs symboliques dogmatiques ; il ne faut pas davantage que la liberté et la créativité symbolique des hommes soient étouffées par des systèmes technologiques (façon Mégamachine), par ce qu'Ellul appelait la « tyrannie technicienne » en la distinguant de la technocratie, ou par l'oubli du fait que la technoscience est d'abord *recherche, invention, ouverture*, et non la clôture quasi totalitaire que la mise en place politique de méga-systèmes technologiques lourds fait craindre.

Celui qui n'a pas au symbolique un rapport de liberté (le dogmatique, le fanatique, l'intégriste) et qui lui est donc asservi, asservira aussi la technique et la science en vue d'asservir les hommes. Et réciproquement, celui qui est privé de liberté au sein d'une technocratie ou d'un système technicien sera dépourvu de créativité symbolique et ne pourra avoir à la technoscience, à la technique, un rapport de libre recherche et d'invention susceptible de dynamiser la RDTS aux antipodes de la Mégamachine close.

UNIVERSALISATION, MONDIALISATION, GLOBALISATION

De nos jours, rares sont ceux qui voient encore le processus d'occidentalisation de la planète simplement comme l'expression du progrès de la Raison universelle, comme l'éducation de l'Humanité, son accession à la majorité.

On a reconnu que ce processus ressemble plus à une *métonymie* qu'à une extension logique de l'essence rationnelle de l'homme, une métonyme qui surimpose une partie (l'Occident) au tout (les autres cultures).

On a aussi reconnu que le succès du processus doit beaucoup à la puissance, à la supériorité physique, portée par les technosciences. Supériorité en force brute, militaire, mais supériorité aussi en abondance et diversité économiques des produits qui conquièrent le désir, ouvrent et captivent les libertés.

On a reconnu enfin que l'apport universel du processus est moins celui d'une Raison commune à tous les hommes (si ce n'est la rationalité objective des « lois de la nature »), que l'extension de la liberté, la mobilisation et la diversification du désir. L'apport concerne la volonté et non la raison.

On a reconnu encore les effets diversement nommés de désontologisation, de déterritorialisation du processus, qui, déstabilisant les repères traditionnels, provoquent l'angoisse et suscitent des mouvements importants de resymbolisation, de reterritorialisation, qui vont du nationalisme à l'intégrisme et au « sursaut moral ».

La destruction par les opérateurs technoscientifiques et monétaires de ce que l'on appelle souvent le « tissu ou le lien social » est préoccupante ; elle est source de chaos et de souffrance dans la mesure où les nouveaux opérateurs échouent à prendre en charge les nécessités auxquelles pourvoyaient les soldarités traditionnelles. En ce sens, il est compréhensible que les individus veuillent retourner localement à celles-ci, dans la mesure même des défaillances techno-économiques qu'ils subissent. A mon sens, ce n'est cependant pas une raison pour encourager le retour généralisé et la nostalgie des anciennes solidarités et d'espérer un effondrement de l'ordre techno-économique mondial, si imparfait fût-il. Famille, clan, patrie, ethnie, religion… il est prudent de se méfier du culte des solidarités traditionnelles. L'Histoire et l'actualité n'ont jamais cessé de montrer les épouvantables effets de barbarie qu'entraînent les processus symboliques de fusion et d'exclusion constitutifs des solidarités symboliques. Localement salutaires pour beaucoup de personnes, les solidarités particulières ne sont pas, selon moi, une solution généralisable porteuse d'avenir et d'espoir pour l'humanité, du moins sous leur forme traditionnelle.

Deux hypothèses : la modernité relancée ou la puissance postmoderne généreuse

A la place de ce qui m'apparaît comme une tendance régressive, je proposerais deux hypothèses : la première est une transformation du rêve de la modernité ; la seconde est postmoderne.

La première est illustrée partiellement par la pensée de G. Simondon : il s'agit de consolider progressivement une solidarité mondiale par la focalisation de nouveaux symboles, qui sont des symboles de dépassement de la finitude humaine au moyen des technosciences. Ces symboles de transcendance ont ceci de particulier qu'ils s'ouvrent sur l'action, l'opération. La transcendance opératoire est dans le temps, immanente et dépendante de la volonté des hommes; elle n'est pas la transcendance « verticale », purement symbolique, faite d'impuissance entretenue par l'acceptation sublimante de la condition humaine, typique de l'attitude religieuse traditionnelle. Il s'agit d'opérer et non de symboliser; mais à cette fin, certains symboles (projet symboliquement investis) sont toujours nécessaires pour leur force de mobilisation et d'unification des hommes. Il s'agit donc encore d'une certaine religion, dont l'idée centrale est que dieu est à produire et pas simplement à prier, à attendre ou à contempler, comme s'il était déjà là. Comme toute religion, la RDTS sécrète son opium à l'usage de la masse des individus qui ne peuvent participer activement au processus. Cet opium qui aide à rendre supportable ou à oublier la condition humaine, c'est la société de consommation, le grand marché des produits à l'usage du corps et du cerveau, offrant bientôt la possibilité de vivre du fond de son fauteuil, équipé pour la réalité virtuelle, une infinité d'existences, de morts et de résurrections. Ainsi, sur toute la surface de la planète, le désir des hommes, aidé par la technique, rêve et se prend pour dieu.

La seconde hypothèse est postmoderne dans la mesure où elle abandonne le souci d'une unification de l'humanité sous une même bannière symbolique. Mais cet abandon, qui est, en fait, un renoncement de la puissance dominante à rendre l'autre, par force (brute ou subtile), identique à soi, et à l'assimiler, ne doit pas être compris comme un délaissement du reste de l'humanité par la puissance dominante, un peu à la manière de ce qui se passe, depuis quelques années, avec l'Afrique. Il s'agit au contraire d'utiliser la technique afin d'assurer mondialement à tous les peuples de la Terre des conditions d'existence minimales mais suffisantes, gratuitement, un peu comme si c'était la nature elle-même qui dispensait ces biens en suffisance, sinon en abondance. Mais surtout, il s'agirait de laisser chacun, individu, communauté, libre, à partir de ce seuil de viabilité économique assuré, libre de répondre à la vie, de réagir à la condition humaine, comme il l'entendrait, pourvu que sa réponse n'entraîne nulle violence à l'égard des autres ni ne sabote le système de l'allocation économique universelle. Libre de prier, de chanter ou de danser l'existence plutôt que de l'opérer. Pour que cela soit possible, il faut que la Puissance dominante se fasse généreuse, sans renoncer pour autant à elle-même, et tout en poursuivant en son sein l'œuvre de transformation infinie du donné et de l'hérité, en ce compris l'homme naturel-culturel lui-même.

D'un côté, la Puissance dominante assurerait l'économie du monde en préservant, ou en tous cas, en ne détruisant pas de son fait, la diversité naturelle et culturelle du monde. Sous cet angle, la Puissance dominante remplirait la fonction la plus proprement économique, celle de la gestion de la demeure. D'autre part, elle poursuivrait sa quête propre, *sa* recherche opératoire de transcendance.

Ainsi d'innombrables formes de vie, d'innombrables collectifs aux alliances techno-culturelles diverses, pourraient se développer, survivre un temps, évoluer ou disparaître. Pour cela, il faut accepter qu'une fraction très importante, éventuellement majoritaire de l'humanité, se détache diversement de la dynamique de la RDTS ou n'y participe que fort peu, sans que cela n'enlève à la Puissance associée à la RDTS le devoir de pourvoir ou du moins d'aider à la survie de cette humanité laissée et de la nature. Le devoir de respecter et d'aider tous les êtres qui ne rêvent que d'habiter.

La sagesse nous semble devoir se ranger du côté de la seconde hypothèse développée ci-dessus et qui tente de sauver les aspects positifs à la fois de la modernité et de la postmodernité. Une telle sagesse ne tient à l'intérieur d'aucune société humaine déterminée. Ce sont bien davantage les sociétés humaines, et les autres formes de vie, qui tiennent au sein de cette sagesse.

TROISIÈME PROCESSUS : LE CORPS

DE LA DIGNITÉ AU CHANGE DES CORPS

Les hommes considèrent qu'il y a deux origines possibles à l'affirmation des valeurs. Soit la valeur est le résultat d'un acte d'évaluation humain, individuel ou collectif (valorisation anthropocentrée). Soit elle est considérée comme s'imposant d'elle-même; elle est intrinsèque, « en soi », c'est-à-dire de l'ordre sacré de la nature ou de dieu (valorisation onto-théologique).

Lorsque l'on parle de l'homme et de sa dignité, on songe d'ordinaire à une valeur intrinsèque. Même les discours les plus anthropocentristes répugnent la plupart du temps à affirmer clairement que la valeur de l'homme dépend ultimement de l'homme, car alors des hommes pourraient considérer que l'homme n'a pas plus de valeur que n'importe quoi d'autre. Pourtant, l'anthropocentrisme conséquent n'a-t-il pas raison de penser qu'il n'y a pas de valeur intrinsèque dans la mesure où ce sont *toujours des hommes* – des hommes relevant d'une certaine tradition – qui déclarent que quelque chose a une valeur en soi ? Mais même pour cet anthropocentrisme conséquent, une sorte de privilège « ontologique » semble tout de même revenir à l'homme du fait qu'il est la source de toute valorisation, le présupposé même de toute axiologie possible au sein de l'univers connu. Toutefois, dès que l'on cherche à définir et préciser *quel* est cet homme qui mérite ce privilège, bien des problèmes surgissent et les *distinguo* se précipitent. Parmi ceux-ci vient la question de la dignité du *corps* humain.

L'APPROCHE ONTOLOGIQUE : LE DUALISME CLASSIQUE

La question est banale. Dans de très nombreuses traditions religieuses et philosophiques, on distingue, en l'être humain, d'une part le corps et d'autre part « autre chose » qui porte des noms multiples : « esprit, âme, forme, personne, raison, liberté, sujet, conscience, ... » dont la dignité est généralement reconnue comme infiniment supérieure à celle du corps.

Si nous nous plaçons dans la stratégie ontologique de l'assignation des valeurs (par opposition à la stratégie anthropocentrique), la question de la dignité du corps humain se trouve prise d'abord et le plus souvent dans la tenaille de l'un ou l'autre dualisme. Bien qu'il ait existé des croyances qui accordent à la vie incarnée plus de valeur qu'à la vie des ombres après la mort, le plus souvent et particulièrement au sein de notre tradition platonico-chrétienne, le dualisme articule un couple où le corps occupe la place inférieure. Mais cette hiérarchisation présente un éventail de nuances : du corps immonde dépouille source de tous les maux au corps illuminé par la présence de l'âme ou de l'esprit et destiné à la fin glorieuse de la résurrection. La plus ou moins grande dignité du corps provient du fait qu'il abrite une substance immatérielle. Celle-ci partie, seule demeure une rémanence symbolique qui enjoint le respect du cadavre, une dignité résiduelle.

La stratégie ontologique de l'affirmation de la dignité humaine va de pair avec la représentation de la différence anthropologique entendue comme différence ontologique. C'est parce qu'il est par essence ou par (sur)nature différent du reste des choses et des êtres qui peuplent le monde, en particulier les animaux, que l'homme jouit d'une dignité spéciale. Cette différence n'est pas seulement une différence entre des formes de vie : elle est fondée dans une altérité substantielle : l'âme ou l'esprit, qui fait de l'homme un être relevant d'un ordre de réalité distinct de celui de toutes les autres créatures parmi lesquelles il figure cependant du fait de son corps.

Le dualisme strict présente aujourd'hui une double difficulté pour ceux qui en attendent un fondement de la dignité de l'homme et, plus précisément, de la dignité du corps. D'abord, il est de plus en plus difficilement tenable *stricto sensu* (même dans les milieux les plus catholiques, on ne rencontre guère de croyants qui, au cours d'une discussion bioéthique, viennent rappeler que le corps est le siège d'une âme substantielle, immortelle et donc radicalement indépendante de tout substrat matériel). Il est devenu problématique de dériver la dignité du corps et de l'homme à partir d'une âme dont on n'ose plus parler, si ce n'est par métaphore. D'autre part, le dualisme (notamment cartésien) est, à juste titre, soupçonné d'avoir rendu possible la dissociation de l'être humain l'entraînant vers l'objectivation, l'instrumentalisation, l'analyse, la naturalisation et l'opérationnalisation de ce corps substantiellement distinct de l'âme et assimilable à une machine.

DÉPASSER LE DUALISME : LA PHÉNOMÉNOLOGIE

L'idéalisme fort, platonicien, judéo-chrétien, indien ou moderne, n'a jamais été une voie propice à la reconnaissance de la dignité du corps. Le désir de transcendance qui l'inspire encourage au contraire le mépris ou l'ignorance de l'immanence des corps.

Mais la religion chrétienne et la philosophie occidentale ont entretenu aussi des idéalismes plus modérés qui soulignent la nature positive de l'incarnation, quitte à en faire un mystère. Et la tradition aristotélicienne ne reconnaît pas de formes essentielles séparées : tout individu, toute substance, – et chaque être humain est un individu substantiel – est un composé de forme générale et de matière qui particularise. Une part essentielle de la sensibilité chrétienne s'abreuve au mystère de l'homme-dieu, à la dignité infinie de l'incarnation. La valeur, la réalité, la vie même devient le *nœud*, l'alliance, l'union. La dissociation entre deux entités est, en revanche, ressentie comme abstraite, appauvrissante, déréalisante, mortifère, fausse...

Les stratégies de dépassement ou de dissolution des dualismes métaphysiques sont des pratiques courantes dans la philosophie contemporaine. Beaucoup s'enracinent dans la phénoménologie. A propos du statut et de la valeur du corps, l'œuvre de Maurice Merleau-Ponty est probablement la plus décisive[1]. De *La structure du comportement* à *Le visible et l'invisible*,

1. Sous une forme moins subtile et implicitement rapportée à la religion chrétienne, la phénoménologie de la vie développée par Michel Henry, en particulier dans *La barbarie* (Grasset, 1987), constitue une illustration plus récente de la même tendance. La technoscience se serait développée dans la négation de la conscience et de l'expérience de la vie, qui est auto-affection, souffrance-jouissance, subjectivité. Cette auto-affection est d'abord celle du corps sentant et sensible, sujet-et-objet, du corps vivant au sein de la nature terrestre elle aussi vivante, sentante et sensible. Dans la technoscience, la vie sensible cherche à se fuir (pour échapper au destin de souffrance associé à toute sensibilité), elle se contredit, en s'objectivant, en se tuant. Ce désir contradictoire est aussi « l'idée folle de ne plus éprouver sa condition » (p. 119).

Dans un registre différent, mais toujours français, on notera que de son côté, Michel Foucault, dans *Naissance de la clinique* (PUF, 1963), place aussi l'essor de la médecine moderne sous le signe de la mort : la connaissance expérimentale et causale a besoin d'objectiver les corps, elle réclame le cadavre pour en faire l'autopsie et accéder aux vraies en passant par la *Phénoménologie de la perception* et *L'œil et l'esprit*, le thème du corps est universellement présent. La phénoménologie, en particulier celle de Merleau-Ponty, offre l'une des répliques les plus subtiles et les plus riches à l'opérationnalisme technoscientifique. Elle exprime en somme ce que la stratégie ontologique est devenue aujourd'hui alors que les ontologies *dualistes* ont conduit aux technosciences.

La phénoménologie considère que la relation scientifico-technique aux choses n'exprime qu'*une* attitude et *une* espèce d'intérêts (de contrôle, de manipulation, etc.) parmi bien d'autres possibles et également légitimes, et, qu'en outre, cette relation scientifico-technique n'est pas fondamentale ni originelle. Elle est prélevée ou construite à partir d'un donné d'expérience primordiale dont elle ne peut se passer bien qu'elle s'empresse de l'oublier et de l'occulter[1]. C'est ce donné de l'expérience primordiale indissociable du vivre et du sentir que la phénoménologie entreprend de porter à la conscience et à l'expression. Et le discours phénoménologique ainsi compris est porteur et expressif d'une vérité bien antérieure et plus fondamentale que toute vérité scientifico-technique ou métaphysique traditionnelle. Ce discours et cette vérité ont une portée ontologique : en eux s'expriment les divers modes d'apparaître et d'être qui modulent notre conscience et notre expérience élémentaires. Or, cette expérience et cette conscience phénoménologiques nous apprennent notamment que je ne suis pas à mon corps comme je suis à un objet naturel quelconque ou à un artefact instrumental. Originellement, mon corps ne m'apparaît pas – et donc il n'est pas – comme un objet ou un outil que j'ai : je *suis* mon corps[2] et « je n'ai d'autre manière de connaître le corps humain que de le vivre »[3]. La vérité n'est donc pas le dualisme d'une conscience (une personne, un esprit) et d'un corps : la conscience humaine (et nous n'en connaissons pas

causes de la maladie. On passe ainsi d'un « savoir de la vie » (la médecine traditionnelle soumise à la nature et confinée aux phénomènes) à un « savoir de la mort » (la médecine opératoire, technicienne, exploratrice des causes) (cf. p. 148 *sq.*). « Connaître la vie n'est donné qu'à un savoir cruel, réducteur et déjà infernal qui la désire seulement morte » (p. 175).

1. « Revenir aux choses mêmes, c'est revenir à ce monde avant la connaissance dont la connaissance *parle* toujours, et à l'égard duquel toute détermination scientifique est abstraite (...) comme la géographie à l'égard du paysage où nous avons d'abord appris ce que c'est qu'une forêt, une prairie ou une rivière », dit joliment Merleau-Ponty (*Phénoménologie de la perception*, p. III).

2. Ladrière J., « Expérimentation humaine et droits de l'homme. Perspectives philosophiques », in Fondation Marangopoulos, *Expérimentation biomédicale et droits de l'homme*, PUF, 1988, p. 193 *sq.*

3. *Phénoménologie de la perception*, p. 231.

d'autre) est par nature incorporée, incarnée. La conscience phénoménologique primordiale est celle du corps qui se sent : le corps sentant et senti, dont je fais l'expérience immédiate lorsque ma main droite touche ma main gauche qui touche ma main droite. La vérité originelle et l'origine de toute vérité (y compris scientifique) est dans cette chair de la sensibilité originaire d'un corps sujet-objet[1]. La vérité est dans ce nœud, cette ambiguïté, ce cercle, cette réversibilité, ce chiasme, cet entrelacs, antérieur à toutes les analyses et à toutes les dissociations. Le corps est littéralement *animé*, dans la texture ontologique de sa chair même, et pas à la manière d'une machine dirigée en extériorité par un esprit-fantôme. Le corps même est spirituel et il n'y a de spiritualité que sensible. Pour Merleau-Ponty, la parole est à comprendre comme une gesticulation particulière du corps humain et non comme la matérialisation extérieure d'un esprit pensant ou d'une signification idéale[2]. Si le corps peut être comparé à une chose, ce n'est pas à « un objet physique » qu'il faut songer, mais à « une œuvre d'art »[3]. Cependant, il faut s'entendre : cette phrase suggère seulement que le corps est investi naturellement d'un sens vivant, d'une subjectivité qui diffuse dans toute ses parties et toutes ses postures. Elle ne signifie pas qu'il puisse devenir l'objet de quelque reconstruction plastique. Il y a une sorte de *naturalisme*, de holisme et de passivité de la phénoménologie qui valorise l'originaire contre l'artifice, car celui-ci passe nécessairement par la décomposition analytique et la recombinaison décidée, c'est-à-dire par la destruction de la vérité originelle qui est l'entrelacement vivant et l'échange incessant des parties et du tout, du senti et du sentant, de l'objet et du sujet. « On répondra peut-être que l'organisation de notre corps est contingente, que l'on peut 'concevoir un homme sans mains, pieds, tête'[4], et à plus forte raison un homme sans sexe et qui se reproduirait par bouture ou par marcottage. Mais cela n'est vrai que si l'on considère les mains, les pieds, la tête ou l'appareil sexuel, abstraitement, c'est-à-dire comme des fragments de matière, non pas dans leur fonction vivante, – et que si l'on forme de l'homme une notion abstraite elle aussi, dans laquelle on ne fait entrer que la Cogitatio. Si au contraire on définit l'homme par son

1. « L'expérience du corps propre s'oppose au mouvement réflexif qui dégage l'objet du sujet et le sujet de l'objet » (*o.c.*, p. 231).

2. « La parole est un geste » (*Phénoménologie de la perception*, p. 214). Les langues sont « plusieurs manières pour le corps humain de célébrer le monde et finalement de le vivre » (p. 218). Cf. aussi *Signes*, p. 83 *sq*. (Gallimard, 1960).

3. *Phénoménologie de la perception*, p. 176.

4. Merleau-Ponty cite Pascal, *Pensées*, Section VI, n°339 : le *dualisme* de Pascal permet à celui-ci d'imaginer des modifications corporelles radicales, pourvu que d'une manière ou d'une autre l'homme conserve la *pensée*.

expérience, c'est-à-dire par sa manière propre de mettre en forme le monde, et si l'on réintègre les 'organes' à ce tout fonctionnel dans lequel ils sont découpés, un homme sans main ou sans système sexuel est aussi inconcevable qu'un homme sans pensée »[1]. Si l'on dotait un phénoménologue de prothèses sensorielles sensibles aux ultra-sons et aux rayons X, si on le déplaçait sur une des lunes de Jupiter après l'avoir mis au monde par clonage, peut-être découvrirait-il toute la richesse d'expériences phénoménologiques inouïes et se plairait-il à les exprimer. Mais il ne faut pas compter sur le phénoménologue pour se lancer de lui-même et activement dans de telles entreprises.

D'ailleurs, ce n'est pas seulement son corps propre que le phénoménologue ne se risquerait pas à remodeler. L'expérience de la vérité originelle et universelle du « ni… ni… » (ni objet ni sujet) et du « et… et… » (à la fois objet et sujet) s'étend au-delà du corps à la totalité du monde dont le corps fait partie. Tout est sentant-senti : il n'y a pas de césure entre mon corps et mon monde : nous sommes de la même chair : « ce monde qui n'est pas moi, j'y tiens aussi étroitement qu'à moi-même, il n'est en un sens que le prolongement de mon corps; je suis fondé à dire que je suis le monde »[2]. C'est le monde que je vois, ce « visible qui me traverse et qui me constitue en voyant, ce cercle que je ne fais pas, qui me fait, cet enroulement du visible sur le visible, peut traverser, animer d'autres corps aussi bien que le mien »[3]. Ce que Merleau-Ponty appelle « la chair » où s'opère « l'inlassable métamorphose du voyant et du visible » est l'universel « milieu formateur de l'objet et du sujet »[4]. « La chair du monde (…) est indivision de cet être sensible que je suis et de tout le reste qui se sent en moi »[5].

La prose philosophique de Merleau-Ponty est fort poétique et l'on pourrait citer encore longuement : « Il y a un corps de l'esprit et un esprit du corps, et un chiasme entre eux »[6]. Filée de métaphore en métaphore, la consigne est claire : « Il faut que la pensée de science (…) se replace dans un "il y a" préalable, sur le sol du monde sensible et du monde ouvré tels qu'ils sont dans notre vie, pour notre corps, non pas ce corps possible dont il est loisible de soutenir qu'il est une machine à information, mais ce

1. *O.c.*, p. 198.
2. *Le visible et l'invisible*, Paris, Gallimard, 1964, p. 83.
3. *O.c.*, p. 185.
4. *O.c.*, p. 193.
5. *O. c.*, p. 309.
6. *O. c.*, p. 313.

corps actuel que j'appelle mien. (...) mon corps qui se voit voyant et se touche touchant »[1].

Nous avons dit que la phénoménologie est la stratégie actuelle la plus subtile de l'ontologie. L'être est devenu la chair universelle qui me constitue et qui constitue le monde. Il n'y a ici nul anthropocentrisme. L'homme est une expression de cette chair du monde et c'est l'expérience du corps sentant-sensible qui lui enseigne la vérité et lui assigne sa dignité. L'homme est invité à célébrer les manières dont par son corps la chair du monde se sent et s'appréhende. La phénoménologie, mais aussi la poésie et les autres formes d'expression artistiques et symboliques sont de telles célébrations, des célébrations du « il y a », du don, du tenir-ensemble universel, du fait que je suis merveilleusement donné à moi-même et au monde en même temps que le monde m'est donné. Le corps de l'homme est nécessaire et suffisant pour ces noces sensibles et poétiques. Telle est l'insigne dignité phénoménologique du corps humain[2].

Résumons et concluons : la dignité du corps humain affirmée d'une manière ontologique, c'est-à-dire indépendamment des actes de valorisations humains, se fonde sur le statut philosophique et/ou théologique accordé au corps. Lorsqu'il est, comme c'est très souvent le cas, défini dans le cadre d'un dualisme, ce statut ne va pas sans ambivalence : siège de l'esprit, voulu par dieu ou par la nature, le corps est certes valorisé, mais il est en même temps dévalorisé parce qu'il n'est pas l'esprit. Dans la philosophie contemporaine, le dualisme est devenu largement caduc : l'adhésion métaphysique à sa moitié spiritualiste ou idéaliste est devenue faible, voire nulle, tandis que la moitié matérialiste ou physicaliste est devenue prépondérante. La tentation est, dès lors, forte de réduire l'homme à son corps et celui-ci à une réalité biophysique douée de propriétés particulières, mais technoscientifiquement explicables et manipulables. La phénoménologie, dès son origine avec Husserl, s'est opposée à ce réductionnisme objectiviste, scientiste et techniciste. Critiquant l'impérialisme de la vérité technoscientifique, elle a tenté de défendre la priorité et la *valeur supérieure* d'une *vérité anté-scientifique*, celle de l'expérience vécue que seul le *discours*, avec ses polysémies et ses métaphores, est capable d'exprimer et que toute techno-logique ne peut que trahir ou ignorer. C'est dans la phénoménologie de Merleau-Ponty que le corps reçoit ainsi un statut tout à fait éminent en tant que siège de l'expérience vivante et donc de la vérité originelle. Cette vérité et cette dignité

1. *L'œil et l'esprit*, p. 12, 13, 18, Paris, Gallimard, 1961.
2. Cf. aussi *Signes*, p. 211 *sq.*, Paris, Gallimard, 1960.

phénoménologiques du corps sont inaccessibles à la pensée analytique et scientifique et doivent être protégées contre les entreprises techno-scientifiques.

L'approche phénoménologique n'est pas sans résonances avec la valorisation chrétienne catholique de l'incarnation et de son mystère aussi insaisissable que l'entrelacs ou la chair de Merleau-Ponty. Cette connivence semble d'ailleurs servir de toile de fond, généralement vague et implicite, à la position bioéthique française concernant le corps humain.

L'APPROCHE ANTHROPOCENTRIQUE NON-ONTOLOGIQUE ET TECHNOSCIENTIFIQUE

Strictement parlant, l'approche non-ontologique et anthropocentrique de la valeur du corps humain n'est pas nécessairement favorable aux technosciences. Elle postule seulement que la valeur accordée n'est pas imposée par quelque ordre nécessaire naturel ou surnaturel, par quelque expérience ou évidence absolue, mais qu'elle est intégralement dépendante des actes de valorisation humains, décisions contingentes, relatives et situées, aux justifications diverses.

Nous nous concentrerons cependant exclusivement sur la variante de l'évaluation anthropocentriste du corps non hostile à la RDTS (Recherche et Développement TechnoScientifiques) qui a joué un grand rôle dans la naturalisation et l'opérationnalisation de l'être humain. Naturalisé, le corps humain est perçu comme le produit non nécessaire d'une évolution physico-biologique immensément longue et complexe, au même titre que tous les autres organismes vivants. Produit naturel contingent, le corps humain est en fait et en droit (en tous cas aucun « droit naturel » ne s'y oppose) modifiable, opérable (opérationnalisation du corps), suivant des finalités déterminées par les hommes. Cette approche ne nie pas qu'il y ait un *donné*, mais celui-ci est décrit comme un produit factuel et contingent, non comme un don de dieu, de la nature ou de l'être, un don qui serait à respecter comme tel en vertu d'une nécessité et d'une obligation onto-théologiques. Ensemble complexe de processus physiques engendrant ce que l'on appelle la conscience dans certains de ses états, le corps avec toutes ses parties (dont, bien entendu, le cerveau) peut devenir l'objet d'actes de valorisation posés par des consciences. Un souci prioritaire de celles-ci sera de protéger d'abord les conditions de possibilité physico-biologiques mêmes des états conscients des corps humains, protéger donc spécialement les parties les plus directement impliquées dans la conscience, tel le système nerveux central. D'où notamment les nouvelles définitions de la mort qui, la destruction du cerveau étant irréversible, permettent le dépeçage d'un corps par ailleurs parfaitement fonctionnel en ses autres organes et tissus utilisables. Cet exemple résume bien la position anthropocentrique favorable à la RDTS. Ce sont des hommes qui ont décidé, pour un certains nombres de raisons et contre un certain nombre d'objections, de définir ainsi la mort et donc la vie humaine, parce que cette définition et les actes de valorisation et de dévalorisation qu'elle comporte permettent de faire un certain nombre de choses avec et sur le corps, interventions rendues possibles par et utiles à la RDTS. Un point essentiel de l'approche anthropocentriste est qu'elle pose des définitions et impose des valeurs avec une vue très précise de ce que ces décisions, une fois traduites dans des règles de droit et des lois, vont permettre et interdire de *faire*. L'approche est pragmatique : la fiction théorique (définition de la personne, du début ou de la fin de la vie humaine, du statut des organes, etc.) prend tout son sens et toute sa valeur de ses conséquences pratiques au plan de l'agir et du faire humains. C'est la réponse à la question « que voulons-nous faire et ne pas faire ? » qui détermine la réponse à la question « que sommes-nous et que ne sommes-nous pas ? », bien que cette seconde réponse vienne servir ensuite de fondement à la première : nous pouvons faire ceci parce que nous avons décidé que nous sommes cela. L'approche anthropocentrique et technoscientifique opère dans un monde de fictions et d'artefacts : des artefacts physiques autant que des fictions symboliques (juridiques, mais aussi philosophiques et même théologiques avec l'aide de l'imagination exégétique). Nous sommes aux antipodes de l'approche ontologique-phénoménologique classique. L'affirmation de la dignité du corps humain devient une fiction aux usages divers et à l'efficacité inégale. L'élaboration de la notion de dignité dans une optique ontologique ou phénoménologique n'est elle-même reçue que comme une fiction, plus ou moins convaincante suivant les interlocuteurs, une fiction au service de buts et de stratégies, de désirs, de fantasmes et d'intérêts, conscients ou non, exprimés ou tus. Une fiction paradoxale puisqu'elle se donne pour la Vérité ou la Réalité qui doit s'imposer pour elle-même et par elle-même.

A mon sens, l'assignation ontologique ou phénoménologique de la dignité à l'homme est obsolète et peu opératoire. L'assignation anthropocentriste et pragmatique est infiniment plus souple, évolutive et nuancée, appropriée à la civilisation technoscientifique. Personnellement, je ne trouve guère justifié de parler de la dignité de *choses* quelles qu'elles soient. Un comportement, une attitude, une réaction peuvent avoir de la dignité. Parler de la dignité d'un corps me paraît une curieuse manière de s'exprimer. Dans un texte que l'on trouve quelquefois cité par des philosophes bioéthiciens[1] – *Le discours sur la dignité de l'homme* de Pic de la Mirandole – la dignité de l'homme tient au fait qu'il est toujours à *faire*, y compris dans sa physionomie, dans sa capacité, sa liberté et sa volonté de transgresser les limites du donné naturel. La dignité qualifie ainsi une attitude ou une réaction face à la condition humaine : une affirmation de la transcendance de l'homme, non pas ontologique, mais opératoire, à poursuivre indéfiniment y compris dans la transfiguration effective, et pas simplement symbolique, des corps.

Intégrité, unité et divisibilité des corps

Jusqu'ici, nous avons presque exclusivement parlé *du* corps, de la dignité ou de la valeur du corps humain, comme s'il s'agissait d'un tout indivisible. Dans la littérature bioéthique, la dignité du corps humain est généralement associée à l'idée valorisée de l'*intégrité* du corps. Cette manière de décrire est en fait partisane. Holiste et symbolique, elle est implicitement hostile à la pensée technoscientifique qui analyse et opère, sépare, distingue et identifie. Nous avons vu que la phénoménologie du corps exprime clairement cette hostilité parce qu'elle craint la destruction de ce qu'elle appelle la vérité et la dignité du corps.

Il est vrai que lorsqu'on évoque la dignité du corps humain, on se le représente de prime abord comme une totalité indivise et en association également forte avec une conscience personnelle. Même ainsi, la RDTS suscite à propos de la dignité et de l'indignité des *comportements* possibles de ces « corps en tant que personnes » une foule de questions plus ou moins spéculatives relativement à de nouvelles formes de « service » (telle l'expérimentation humaine ou la location d'utérus ou le don de gamètes), de nouvelles formes de transformation (transsexualisme, chirurgie plastique, thérapie génique germinale, eugénique) ou de nouvelles formes d'extension et de transformation (branchements prothétiques, cyborg, ...).

Mais l'indéfinie *divisibilité* des corps pose une série de questions immédiates quant à ce qu'y devient la prétendue dignité ontologique-phénoménologique et quant à la valeur qui continue de revenir ou non aux produits de ces divisions.

1. Cf. D'Hondt, « L'avenir du corps humain », in *Cahiers de l'École des Sciences Philosophiques et Religieuses*, Bruxelles, n°17, 1995 ; Kemp P., *L'irremplaçable. Une éthique de la technologie*, Paris, Cerf, 1997.

Dans son Rapport *Human Tissue. Ethical and Legal Issues*[1], le *Nuffield Council on Bioethics* (1995) énumère les différents niveaux de complexité fonctionnelle que révèle l'analyse du corps et qui présentent chacun un intérêt technoscientifique, biomédical et économique. On distingue ainsi : l'organe (tel le foie), les tissus constituant l'organe, les cellules, les chromosomes, les séquences d'ADN ou gènes, les multiples protéines...

Très vite la fameuse différence anthropologique censée ontologiquement fonder la dignité intrinsèque du corps humain s'évanouit : au niveau organique, cellulaire, génique et des protéines, nous partageons avec les autres organismes vivants (y compris les plantes et les micro-organismes) une foule d'identités et une diversité de différences que les technosciences exploitent toujours davantage. Parler de la dignité d'une partie du corps humain (rein, cellule épidermique, protéine, ...) apparaît, dans cette perspective, très problématique, voire carrément surréaliste.

La notion d'unité-totalité ou d'intégrité du corps humain correspond certes à des faits organisationnels et fonctionnels, mais pas à quelque chose de spécifique que l'on trouverait toujours et partout dans toutes les parties du corps, comme une qualité immatérielle fondant et préservant la valeur. Le corps dit « un » est surtout extraordinairement multiple et c'est la notion de personne, de moi ou de conscience, qui vient au secours de l'unité et de la valeur de cette substance corporelle étendue intrinsèquement analysable. Le corps est appelé « un » parce qu'il est au service ou indissociable de la personne qui dit « je » et qui serait, elle, effectivement unique et singulière. Mais nous savons que cette indissociabilité est problématique (parce que l'idée même de l'association corps-esprit comporte l'idée contraire de leur possible dissociation) et qu'elle ne concerne pas nécessairement la totalité du corps. Il s'en faut de beaucoup : lourdement handicapé, par exemple de tous ses membres, un individu demeure bien une personne. Par contre, un corps complet mais dont l'électro-encéphalogramme est plat n'en est plus une. En outre, la psychiâtrie et les neurosciences (telles les expériences du cerveau divisé) nous ont appris à mettre en doute l'idée qu'un corps est nécessairement habité par une seule personne et que le moi ou le sujet est unitaire[2]. Nietzsche déjà affirmait que le moi n'est rien de plus qu'une fiction grammaticale associée à l'usage du pronom personnel « je ».

1. p. 21.
2. Cf. Missa J.-N., *L'Esprit-cerveau*, Paris, Vrin, 1993.

Les *limites* du corps humain et de sa dignité sont floues et problématiques dans le temps comme dans l'espace. Dans le temps : qu'en est-il du corps embryonnaire et du corps irréversiblement comateux au secours symbolique desquels viennent les fictions de la personne potentielle et de la personne résiduelle ? Dans l'espace : faut-il s'arrêter à l'organe, au tissus, au gène? Faut-il inclure les extensions prothétiques, toute l'organicité technique qui prolonge, diversifie et intensifie notre équipement organique naturel, mains, sens, cerveau? Dans un passage célèbre, Bergson déjà évoquait « l'outillage de l'humanité » comme « un prolongement de son corps » et demandait pour ce « corps agrandi » « un supplément d'âme »[1].

Nous concevons difficilement aujourd'hui une conscience personnelle sans quelque forme corporelle et surtout sans cerveau, mais nous sommes de moins en moins convaincus que cette conscience et cette personnalité soient nécessairement associées à un archétype corporel déterminé. Le paradigme anthropomorphique a depuis longtemps cessé d'être à l'image de dieu, et même l'image de l'homme ne cesse d'y pâlir.

Comme très souvent en bioéthique, nous sommes confrontés à une problématique qui rappelle la querelle médiévale des universaux opposant les réalistes-idéalistes qui croient à l'existence d'essences universelles que les réalités sensibles incarneraient ou copieraient très imparfaitement et les nominalistes ne croyant qu'à l'existence de réalités particulières présentant des similitudes et des différences et susceptibles d'être regroupées diversement.

Le corps humain et *la* dignité de ce corps n'existent pas, si ce n'est dans certains discours. Existent des corps particuliers, individuels *et* divisibles, dans une foule d'états et revêtus de dignités, de valeurs, aussi nombreuses que diverses. Existent des corps, des parties et des produits des corps dans des fonctions et des contextes multiples, scientifiques, thérapeutiques et économiques, notamment. Face à ces réalités, les discours onto-théologiques ou phénoménologiques sur *le* Corps Humain et *sa* Dignité sont d'une pertinence limitée et d'une utilité contestable.

A L'ÉPREUVE DE LA RDTS ET DU MARCHÉ

En Europe et plus particulièrement encore en France, la bioéthique décrit volontiers le rapport entre la dignité et le marché comme d'op-

1. *Les deux sources de la morale et de la religion* (1932).

position et d'exclusion irréductible et fait du principe de « la non-commercialisation du corps le fondement de la dignité de l'homme »[1]. Dans une section intitulée « Une dignité sans prix »[2], on peut lire : « l'argent chosifie tout ce qu'il achète et met un signe d'égalité entre tout ce qu'il a chosifié, non par accident mais par essence. C'est le secret de sa puissance ». Cette remarque touche au fond de la problématique. En effet, si la notion de dignité assigne une valeur intrinsèque à cela même à quoi elle s'applique, alors ce qui est revêtu de dignité devient en quelque sorte sacré, incessible, indisponible. La valeur *en soi* d'une chose exclut que l'on puisse *l'échanger ou la changer*, sans lui porter irrémédiablement atteinte.

Or la RDTS et le Marché, dans le cadre de la globalisation de l'économie néo-libérale, utilisent principalement deux opérateurs de *change/échange* universel et de puissance sans limite : l'*argent* et la *technique*. Avec pour moteurs, les désirs et phantasmes individuels et collectifs.

Dire que l'argent « chosifie » ne signifie pas qu'il immobilise. Tout au contraire, il est un acteur majeur de la mobilisation universelle. L'argent peut aussi être accumulé et cette accumulation capitaliste est accumulation de possibles et de puissance, puisque plus on dispose d'argent plus on *peut* entreprendre, satisfaire des désirs. Mais l'argent demeure un instrument purement *symbolique* de la mobilisation, du change et de la puissance. En soi, la monnaie ne vaut rien, ne permet rien, surtout pas la transformation physique du réel. Pour que la puissance devienne effective et que la transformation physique illimitée s'actualise, l'autre opérateur de change est indispensable : la technique, la RDTS, les technosciences. Espace de déploiement et de multiples convergence des deux opérateurs de change et de puissance – l'argent et la technique –, le *marché* est l'universel dissolvant de toute valeur intrinsèque, de toute axiologie ontologique. Entre cet espace-change de l'économie financière et technicienne (au sein duquel la RDTS biomédicale occupe une place très importante) et l'idéologie néo-libérale existe aussi une forte complémentarité : la doctrine néo-libérale est en quelque sorte la symbolisation qui doit permettre de croire et

1. Et inversement : la dignité du corps humain fonde la non-commercialisation ; le non-respect de ce principe entraînerait le démantèlement des liens sociaux et donc de la société. Autrement dit une atteinte essentielle à l'image du corps humain individuel serait destructrice du « corps social » (national français ? de tout corps social ?). Cf. Sérusclat F., *Les sciences de la vie et les droits de l'homme*, p. 310 *sq.* ; cf. aussi L. Sève, *Pour une critique de la raison bioéthique*, Paris, O. Jacob, 1994.

2. Rapport du CCNE rédigé par L. Sève, *Recherche biomédicale et respect de la personne humaine*, p. 42 *sq.*

de participer à la dynamique désymbolisante du change universel et sans limite.

On oppose volontiers dans la littérature et les discussions bioéthiques un modèle franco-européen et un modèle américain. Cette opposition est caricaturale parce que les positions ne sont ni simples ni homogènes. Toutefois, elle correspond bien à des tendances réelles et à des représentations répandues et entretenues par les acteurs eux-mêmes. Il suffit de parcourir les textes bioéthiques français relatifs au corps, à ses parties et produits afin de s'en convaincre [1]. La France, très présente aussi dans les constructions éthiques du Conseil de l'Europe, occupe en la matière une position de proue qui n'hésite pas à dénoncer les éventuelles dérives jugées mercantilistes de l'Union Européenne [2]. La France, premier Etat à avoir institué un Comité d'éthique *national*, a aussi promulgué en 1994 une série de lois concernant directement le corps humain et son statut, dans lesquelles le principe du « hors marché, hors commerce » joue un rôle déterminant. Une identité, spécialement lorsqu'elle concerne directement les « justes normes » et les « vraies valeurs », se veut spontanément universaliste. Ainsi, le modèle français prétend-il puiser directement à la tradition universaliste des droits de l'homme, très active au Conseil de l'Europe (d'où la *Convention sur les Droits de l'Homme et la Biomédecine*). Cette référence à la philosophie des droits de l'homme est contestable, car pour de nombreux problèmes bioéthiques, les droits de l'homme ne sont d'aucun secours ou susceptibles d'interprétations diverses, quelquefois opposées [3].

L'arrière-plan philosophique et éthique du modèle « euro-français » est d'inspiration rousseauiste et kantienne.

1. Cf., par exemple, les Avis du CCNE. Cf. aussi Sève (1994), déjà cité, Rameix S., « Corps humain et corps politique en France », in *Laval. Théologique et philosophique*, févr. 1998 ; ainsi que plusieurs études critiques d'Anne Fagot, sans oublier l'article critique « archétypique » de Lemennicier : « Le corps humain : propriété de l'Etat ou propriété de soi ? », in *Droits*, 13, 1991.

2. Cf. par exemple la dénonciation par le CCNE (Avis 98, décembre 91) de la Directive Européenne de 1989 concernant les médicaments dérivés du sang et du plasma humain : « notre refus devrait commencer par le rejet de termes tels que "matière première" pour désigner le sang et le plasma et de 'médicament' pour désigner les produits préparés à partir de sang et de plasma. Une telle terminologie, en elle-même altérante, ouvre à une dérive des concepts, des principes et des pratiques ». Soulignons à quel point le « souci du symbolique » – du langage « ontologiquement » et donc axiologiquement vrai, authentique – s'exprime dans ce passage.

3. Nous développons ces points dans les *Processus* 6 et 7.

Le modèle reçoit de Rousseau l'idée que l'individu n'accède à la liberté (ne devient un *sujet*) que du fait de son appartenance au corps social, de sa participation à la Volonté Générale. C'est l'Etat (le Droit public) qui institue – crée – l'individu-sujet et il le crée en tant que Citoyen. Aucune liberté individuelle ne peut donc primer sur la Volonté Générale ou le bien public que l'Etat-Nation exprime. Le corps individuel est conçu comme membre du corps social et les individus en sont davantage les usufruitiers que les propriétaires. Les individus-citoyens sont enfants de l'Etat-Nation pour lequel ils doivent être prêts à sacrifier leur vie. Philosophie politique paternaliste où le principe de bienfaisance tend à dominer nettement sur le principe d'autonomie, ce qui s'accorde bien à une certaine tradition paternaliste de la médecine. L'Etat-Nation – expression de la Volonté Générale – sait évidemment mieux que l'individu ce qu'il convient de faire dans l'intérêt du bien de tous qui est aussi le bien de chacun. Dans la mesure où cet Etat a aussi une prétention universaliste, le bien ainsi défini doit encore être compris comme rationnel et universel.

L'interdit bioéthique de l'objectivation et de l'instrumentalisation de l'individu au nom de la dignité de la personne est d'origine kantienne. Selon Kant, l'exercice de la liberté individuelle bien comprise ne peut entrer en conflit avec l'exercice de la raison qui est universelle : tel est le principe de l'autonomie de la raison. Certes, pour Kant, la personne n'est pas le corps, mais via diverses traditions et argumentations philosophico-religieuses (le catholicisme et l'incarnation, l'aristotélisme et la substance, la phénoménologie du corps, ...), le modèle souligne l'inséparabilité de la personne et du corps, et l'on transfère automatiquement vers le corps la valeur – la dignité – associée à la personne. L'indivisibilité du corps et de la personne apparaît comme le leitmotiv des études préparatoires aux lois françaises sur la bioéthique (par exemple, dans le rapport de Braibant [1]).

Livrer les corps et les parties du corps au marché dominé par l'argent, la technique et les désirs (ou pseudo-libertés) individuels revient à détruire ces belles synthèses symboliques : le corps est séparé de la personne qui en dispose, son intégrité est atomisée en un nombre indéfini de parties, il

1. Braibant G., *De l'éthique au droit*, Paris, La documentation française, 1988. Ce qui n'empêche pas le philosophe, même proche de ces positions, d'exprimer sa perplexité : « Le corps est et n'est pas la personne, à la fois ». Et d'ajouter que le problème est que « partant d'un souci éthique : éviter la déshumanisation de la biomédecine en refusant la dépersonnalisation du corps, on croit bon de l'étayer par une thèse *ontologique* » (Sève (1994), p. 95). Cette remarque incidente met le doigt sur le problème : l'abus (onto-théologique) constitutif du modèle français. Voir la problématique générale ci-dessous : *Nature et artifice : l'argumentation ontologique*.

devient une chose modifiable, il peut être changé et échangé au gré des caprices et fantasmes individuels irrationnels, ... Ces dérives sont éprouvées comme littéralement diaboliques (anti-symboliques), destructrices non seulement de la dignité des personnes, mais plus encore peut-être de la solidarité, des liens, à la base de la société dont les membres se percevraient eux-mêmes et les uns les autres comme arbitrairement démembrables de cette manière. Le morcellement du corps individuel entraîne le morcellement du corps social et donc l'anéantissement de la Nation. Verser les corps individuels au marché libre échangiste représente le risque symbolique majeur. Il faut donc à tout prix préserver, par le discours éthique et surtout par la loi, les symboles constitutifs de la société, même si la réalité des pratiques et des situations est fort éloignée des idéaux affirmés [1].

Le « modèle euro-français » du « corps hors marché » institue idéalement le corps individuel comme inviolable, indisponible, incessible, ni patrimoine, ni propriété de l'individu et donc d'aucune manière marchandable et monnayable, même dans ses parties les plus infimes. Toujours idéalement, certains de ces interdits ne peuvent être transgressés qu'avec le consentement exprès de l'individu et dans un but thérapeutique (éventuellement cognitif), ou avec son consentement présumé, en cas d'urgence vitale pour lui ou après sa mort. A l'origine de toute utilisation du corps humain ou d'une partie du corps humain, il y a donc toujours et nécessairement un don – un acte gratuit et de solidarité – que la puissance publique doit sévèrement contrôler, surtout lorsque le don est la première étape d'un processus qui conduit finalement à des produits commercialisables. Ce contrôle, garant du caractère éthique, doit veiller à ce que l'utilisation finale des dons soit « bonne », c'est-à-dire essentiellement médicale, et que les profits éventuels soient bien utilisés (par exemple, réinvestis dans la RDTS biomédicale) ou en tous cas limités (par exemple, par des taxes). Bref, en ce qui concerne les corps humains, l'Etat – et non prioritairement la technique ou l'argent via le marché – devrait médier tout change ou échange, car seule cette médiation publique peut garantir la moralité des changes, c'est-à-dire leur caractère non-destructeur du *socius*, de la solidarité constitutive de la société et du bien public (national, mais présomptivement universel).

1. « Il est clair que pour le Comité National, le *risque individuel* pour les hémophiles de contracter le sida (...) n'était rien, en comparaison du *risque social* qu'il y avait à reconnaître que les fractions anti-hémophiliques extraites du sang humain sont une chose dans le commerce », Fagot A., « Problèmes d'éthique médicale posés par les nouvelles techniques thérapeutiques : greffes d'organes, de tissus et de cellules », in Livet P. (ed.), *L'éthique à la croisée des savoirs*, Paris, Vrin, 1996.

Entre les grandes régions du monde la guerre technoscientifique, économique et idéologique ne connaît pas de répit. L'Europe et les États-Unis apparaissent volontiers en compétition et chaque pays joue aussi ses propres cartes. Dans ce contexte, la question du corps, de ses parties et de ses produits prend une valeur symbolique stratégique particulière. On dépeint volontiers les États-Unis comme voulant sans aucune réserve ni nuance tout verser dans le marché globalisé libre, y compris cet ultime rempart de l'humanité naturelle et traditionnelle : le corps. Sauver le corps du marché et de l'argent devient ainsi un enjeu idéologique tout à fait primordial. Lorsqu'on lit la littérature bioéthique américaine, on se rend rapidement compte du fait que la réalité est beaucoup plus complexe et nuancée et que le débat n'a pas seulement lieu entre l'Europe et les États-Unis, mais aussi et durement au sein de ces derniers. Inversement, comme nous l'avons dit, l'Europe est très loin d'être homogène, et les lignes suivant lesquelles les diverses instances européennes (par exemple, le Conseil de l'Europe et la Commission Européenne) ou les divers pays européens abordent ces problèmes ne sont pas toujours convergentes.

On peut estimer toutefois que, globalement considéré, l'arrière-plan philosophique de la tendance plus caractéristique d'Outre-Atlantique est à chercher chez Hobbes et, surtout, Locke.

Selon ce dernier, les individus ont des droits naturels inaliénables, parmi lesquels le droit de propriété qui est plus précisément un droit d'appropriation. Les choses naturelles appartiennent à chacun et à personne. Mais une chose devient la propriété légitime d'une personne lorsqu'elle a été l'objet de l'activité exercée par cette personne. D'une manière générale, c'est par le travail – dont les formes sont multiples – que la chose sans maître trouve son propriétaire. La chose ainsi appropriée devient un bien susceptible d'être librement échangé, vendu. Cette approche permet de régler assez aisément beaucoup de questions concernant la recherche, la brevetabilité, la production, à l'origine desquelles il y a un élément du corps humain. Elle permet moins aisément de régler la question relative à ce point de départ, bien que l'on puisse estimer que le corps d'une personne est aussi, en tous cas pour partie, le produit de l'activité, du travail, de cette personne qui en prend soin, et qu'elle peut en disposer aussi librement que des autres biens que son activité lui a permis d'acquérir ou de développer.

D'autres composantes de la tradition philosophico-religieuse anglo-saxonne vont plus ou moins nettement dans le sens de l'attestation d'un droit de propriété et de libre disposition de l'individu sur son corps. Ainsi, la grande tradition du libéralisme individualiste, économique et politique, mais aussi l'empirisme nominaliste, étranger aux valeurs ontologiques, ou encore le protestantisme et une pratique plus contractualiste de la médecine et des relations humaines en général. Ajoutons un souci plus aigu qu'en Europe de maintenir séparés l'Etat et les Eglises, l'espace public (régi par le droit et l'Etat) et les sphères privées ou communautaires dont les morales et les religions doivent relever intégralement. Joue encore une conception de la médecine moins attachée à l'idée d'une intégrité naturelle qui admettrait seulement des interventions clairement thérapeutiques, une médecine (de confort, de convenance) plus ouverte aux demandes émanant de désirs individuels, très « artificiels » lorsqu'on les contraste avec les besoins définis par la nature. Mais c'est l'image même de la nature – l'image présupposée, rarement clairement avouée –, plus nettement évolutionniste, néo-darwinienne, qui est autre.

LES CORPS ENTRE LA NATURE ET LES FICTIONS

Nous l'avons déjà souligné : la dignité, appelée à fonder le respect de la gratuité et du caractère datif de toute cession d'un élément du corps humain, n'est compatible en principe qu'avec la finalité thérapeutique de l'usage immédiat ou dérivé (après transformation industrielle) des prélèvements. Lorsque cette finalité n'est pas thérapeutique (cosmétique, par exemple) ou lorsqu'elle donne lieu à un commerce lucratif, certains réclament une sorte de moralisation du processus par l'obligation de réinvestir l'essentiel des profits dans la RDTS biomédicale ou encore par une taxation destinée à alimenter la sécurité médico-sociale.

Cependant, il existe depuis longtemps des pratiques médicales de convenance ou de confort et ces pratiques, dont l'archétype est la chirurgie plastique, n'ont cessé – et ne cesseront dans l'avenir – de se développer et de se diversifier. L'argent et les techniques de pointe sont centraux pour ces pratiques. Comme elles recouvrent une très grande variété de situations, il est toutefois fort difficile d'y tracer la limite qui sépare l'intervention encore thérapeutique de celle qui ne le serait pas. Que veut dire « thérapeutique », quel est le critère qui permettrait à coup sûr d'identifier l'exercice thérapeutique et l'usage non-thérapeutique de la biomédecine ?

L'idéal médical traditionnel – qui est aussi une idéologie – postule que l'intervention thérapeutique est celle qui aide à la restauration d'une intégrité naturelle accidentellement lésée. Mais qu'est-ce que l'intégrité naturelle dans un monde où la nature est conçue comme un ensemble de processus évolutifs imprévisibles, contingents, et où la culture (qui définit ce qui est « naturel » et ce qui de la nature doit être respecté) est irréductiblement plurielle ? Dans ce monde – notre monde –, il n'y a plus de

« bonne forme » universalisable et applicable à chaque individu, comme l'expression de la nature et le signe de la santé. La frontière du normal et du pathologique est devenue relative, contextuelle, plurielle et changeante, affaire de communautés et d'individus. Il y a, disait déjà Nietzsche, « d'innombrables santés », car l'homme est « entre toutes les bêtes malades, de beaucoup la plus longuement et la plus profondément malade ». C'est que, ajoutait-il, l'homme est « la bête non encore fixée » et nous devons être des « bêtes d'expérimentation »[1]. La définition de la santé par l'OMS désignant un état de complet bien-être physique et psychique est si large et utopique qu'elle permet, en principe, à quiconque de réclamer de la médecine n'importe quelle intervention. Et lorsque dans son Article 3, la Loi française sur la bioéthique (1994), si préoccupée du respect de la dignité du corps humain, énonce imprudemment : « Il ne peut être porté atteinte à l'intégrité du *corps* humain qu'en cas de nécessité thérapeutique pour la *personne* » (nous soulignons), elle entérine entre l'état du corps et les besoins-désirs de la personne une dissociation qui peut justifier, en principe, toute intervention et qui fait songer aux pages les plus libéralement postmodernes d'Engelhardt : « As persons we can make our bodies objects of our judgment and manipulation. We can find ways in which we could have been better fashioned (...) »[2]. Qui mieux que la personne elle-même est apte à déterminer la nécessité thérapeutique (ce qui ne veut pas dire les *moyens* les plus appropriés) justifiant une intervention sur son corps ? L'exemple du transsexualisme[3], dont l'indication médicale est particulièrement incertaine et dont la composante de désir est intense, est à cet égard instructive. Au départ des demandes de convenance et de confort, il y a toujours un manque et une forme de souffrance. La question est certes de savoir si telle réponse médicale est la plus adéquate et, sans aucun doute, le médecin est le plus souvent le mieux placé pour l'éclairer en dialoguant avec son patient. Mais cette aide a des limites et est fort inégale selon les cas, surtout lorsqu'il s'agit de demandes et de désirs qui transcendent l'individu et concernent la condition humaine elle-même et la manière propre à chacun de s'y rapporter. Faut-il accepter le vieillissement ou tout faire pour le combattre et le retarder, en particulier lorsqu'on a de l'argent pour cela ? Mais plus simplement, faut-il accepter la stérilité ou la pallier ? Faut-il accepter les handicaps héréditaires ou les supprimer ? Faut-il développer la technologie des prothèses qui permettent de surmonter ou

1. Cité par Paumen J., *Trois rédemptions du moi*, Bruxelles, Ousia, 1997.

2. Engelhardt (1996), p. 413.

3. Cf. Salas D., *Sujet de chair et sujet de droit : la justice face au transsexualisme*, Paris, PUF, 1994.

de pallier tant de handicaps, en sachant bien que cette créativité techno-scientifique pointe dans la direction du cyborg, des prothèses sensorielles (et autres) mélioratives et pas simplement palliatives ? Il n'en va pas différemment des recherches en thérapie génique qui pointent en direction de l'eugénique. La souffrance est le laboratoire où les visages du futur s'inventent. Le médecin ne doit pas être un prêtre ; il n'a pas *la* réponse. Il est simplement un individu qui, du fait de la place qu'il occupe professionnellement dans la société, dispose d'un certain nombre de pouvoirs d'agir sur les autres individus à leur demande. Certes, la société peut et doit délimiter l'usage de ces pouvoirs. Mais la société est loin d'être philosophiquement, moralement et religieusement homogène et stable.

Où est la limite entre une souffrance « naturelle », un désir capricieux et une révolte contre la finitude humaine[1] ? Où est la limite entre la révolte féconde condition de progrès et la révolte auto-destructrice, et qui la dira ?

Dans la plupart des sociétés, dites traditionnelles et primitives – donc supposées « proches de la nature » – le corps a fait l'objet de sculptures suivant des phantasmes individuels et collectifs, et les parures des cultes n'ont pas grand chose à envier aux outrances contemporaines de la mode pour ce qui est des métamorphoses de l'apparence physique.

Passé, présent ou futur, naturel ou culturel, individuel ou spécifique, le corps ne peut être décrit comme intangible et immuable. Il est foncièrement plastique, évolutif, polymorphe et hanté du désir d'être quitté. Le corps de l'espèce humaine s'est lentement modelé à partir de celui des pré-anthropiens permettant le développement du cerveau et l'usage de la main. Le grand anthropologue et paléontologue français Leroi-Gourhan[2], qui a montré l'importance déterminante de cette évolution anatomique pour l'expansion du cerveau et donc l'essor de ce que nous appelons l'esprit, n'hésite pas à la projeter dans le futur en prédisant une progressive désuétude du corps au profit du cerveau branché sur ses prolongements techniques. Le premier moment de répulsion émotionnelle, quasi physique, passé, la réflexion invite à se demander : est-ce indigne, est-ce indigne de l'homme ? Qu'est-ce que l'homme ?

L'imaginaire contemporain impulsé par le développement des technologies de la communication, de la virtualisation et de la simulation est particulièrement riche en phantasmes de « décorporéisation » ou de désincarnation. Ainsi, dans un livre-culte des années 80, W. Gibson (*Le Neuromancien*, 1984), inventeur du mot « cyberspace », oppose les « vian-

1. A ce propos, le cas du transsexuel belge Van Oosterwijck qui ne dissimule pas la dimension faustienne de son désir sans limite est révélateur, cf. Salas (1994), p. 72 *sq*.

2. Leroi-Gourhan, *Le geste et la parole*, Paris, A. Michel, 1964.

dards » qui continuent de vivre principalement voire exclusivement dans le monde matériel et corporel, en mangeant, buvant et surtout en *bougeant* physiquement – « Voyager était un truc de viandard – Travel was a meat thing » –, à ceux qui vivent, pensent, agissent quasi exclusivement dans le cyberspace, en passe de devenir une sorte de prothèse-corps-univers totale pour le cerveau. Indépendamment de l'avenir de l'espèce, le corps de chacun n'est-il pas d'abord processus et expérience de métamorphoses, du zygote à la sénescence en passant par l'adolescence ? Mais le programme de cette merveilleuse et mortelle plasticité nous est imposé, avec ses nombreux aléas ainsi que les limites et les contraintes qu'il entraîne. Au nom de quoi faudrait-il renoncer à changer ce programme ou à le diversifier dans la mesure où nous acquérons des capacités de programmateur ?

Les technocultures et cybercultures postmodernes qui se développent dans les lacis des grandes conurbations et des réseaux mondiaux de communication entremêlent sciences, techniques, marchés, symboliques, dans des espaces de processus de change et d'échange incessants. Elles ne sont plus du tout dans un monde de substances et de discontinuités immuables. C'est pourquoi la vision dualiste corps/personne encore répandue et qui sert souvent à justifier d'une manière philosophiquement maladroite la libre disposition de son corps par la personne est mal appropriée et dépassée. La personne n'est pas une substance (esprit), elle est une fiction de la liberté, une manière de dire que les membres de l'espèce humaine et cette espèce elle-même sont des processus in-finis, ouverts, indéterminés, et qu'ils peuvent user, pour créer ce futur, des matériaux-produits du passé. La transcendance associée aux dualismes métaphysico-religieux est verticale et statique, elle dépasse la condition corporelle et finie de l'être humain au plan *symbolique* seulement, en la sublimant. Les technosciences ouvrent sur une transcendance *opératoire* de l'espèce : elles permettent de dépasser effectivement des limites naturelles associées à la condition humaine. Elles permettent aussi aux individus et aux collectivités de dépasser ces limites et configurations naturelles et traditionnelles *diversement.*

Dans un roman étonnant intitulé *A miracle of rare design* et sous-titré « Une tragédie de la transcendance », Mike Resnick (1994), raconte l'histoire d'une étrange quête-métamorphe. Celle d'un écrivain qui, grâce aux technosciences biomédicales, adopte successivement la morphologie et les sens de multiples formes de vie diversement intelligentes et sentantes habitant sur des planètes elles-mêmes très différentes de la Terre. Comme ces expériences ne sont absolument pas exprimables dans le langage des hommes, il abandonne l'écriture pour se consacrer totalement à cette alchimie techno-biologique qui peu à peu risque de le détruire. Aussi finit-il par choisir une dernière métamorphose : une forme de vie qui n'existe pas mais qui rassemble des particularités de toutes celles qu'il a connues.

Nous voilà loin du corps ontologique ou phénoménologique et de sa naturelle dignité hostile au change et à l'échange. Nous sommes proches, en revanche, du « corps sans organes » et des « machines désirantes » de Gille Deleuze, ce corps du désir, du change et de l'échange sans limites que la société capitaliste, ses techniques et ses marchés, ne cesseraient à la fois de libérer et de réprimer.

« The organic body knows that it will die before it can be morphed into a virtualized state, and so it desesperately scans slaved-bodies particularly those of the young, for the elixir of life : kidneys, pancreas, eyes and hearts »[1]. Cette description brutale évoque bien le problème.

Nous sommes dans un monde où l'ontologie, la métaphysique, le fondamentalisme et toutes les notions phares qui en relèvent – tels que dieu, la vérité, l'être, la nature, l'essence, la valeur en soi, etc. – sont en crise, et nous estimons que cette crise n'est pas *le* mal. Le nihilisme qui s'y associe présente beaucoup d'aspects positifs, émancipateurs, diversificateurs : créativité épanouissante de possibilités et d'espoir.

Nous sommes dans un monde de *fictions*, au sens le plus large, comprenant les fictions symboliques (idéologiques, juridiques, morales, institutionnelles, ...) et les fictions techno-physiques (les découvertes-inventions technoscientifiques et leurs applications, par exemple), un monde de fictions héritées (naturelles et traditionnelles) et de fictions nouvelles (RDTS, formes culturelles). Les fictions ne sont jamais pures : elles mêlent le passé et le futur, le matériel et l'immatériel, la nature et l'artifice, le droit et la morale, le symbolique et le technique. Les espèces vivantes, les marchés, les monnaies, les prothèses, le don solidaire, les brevets, les définitions de la mort, les machines cellulaires, les bio-banques..., partout des fictions qui fonctionnent en synergie, en divergence ou en opposition, et dont la nature elle-même fait partie en tant que produite et productrice et si diversement symbolisée par les époques et les cultures. Dans ce monde de fictions, ce sont cependant aujourd'hui les fictions technophysiques nouvelles de la RDTS qui assurent le rôle moteur, destructeur et créateur. Et un problème très important est celui de l'*accompagnement* de cette dynamique technoscientifique inlassablement inventive, par des fictions symboliques (morale, droit, politique, institutions, ...) de manière à ce que l'ensemble soit le plus épanouissant

1. Kroker A., « Virtual capitalism », in Aronowitz L.B. et alii (eds), *Technoscience and Cyberculture*, New York, Routledge, 1996, p. 177.

possible. Car les souffrances des vivants ne sont pas des fictions, bien qu'elles puissent être aggravées et allégées par des fictions symboliques et des fictions techniques.

Quelles sont les *bonnes* fictions symboliques ? Je ne pense pas qu'il faille les chercher du côté des anti-fictions du passé, telles que les essences, les valeurs en soi, les vérités nécessaires et indiscutables. La dignité du corps humain en tant que valeur intrinsèque relève de celles-ci. Je pense donc qu'elle ne peut pas être reçue sans susciter la critique. En ce sens, j'applaudis aux effets de désontologisation, de mobilisation émancipatrice, de libre-échange et change, opéré par les marchés et les techniques.

Mais dans la mesure où ces marchés et ces techniques sont détournés excessivement au profit de quelques fractions de l'humanité, entraînant pour les autres – la majorité ? – davantage de souffrances et guère de possibilités supplémentaires d'épanouissement, ces marchés et ces techniques doivent être régulés de manière à servir moins exclusivement des intérêts particuliers dominants. En ce sens, l'idéologie de l'économisme néo-libéral radical, qui est une fiction particulièrement active aujourd'hui, doit aussi être critiquée, d'autant plus qu'elle soutient des prétentions à la Vérité, à être l'Outil qui conduira nécessairement à moyen terme, à une maximalisation des intérêts de chacun, à un monde plus égalitaire et plus juste. Il n'existe pas de fiction définitivement et absolument bonne. Une telle fiction serait la Vérité. Or, se réclamer de la Vérité est une manière particulièrement peu éclairée, immodeste et périlleuse de prétendre que l'on dispose d'une bonne fiction.

L'étude qui suit reprend ce point et le développe.

Quatrième processus : Le discours

NATURE ET ARTIFICE
L'ARGUMENTATION ONTOLOGIQUE

Le couple conceptuel opposant la « nature » et l'« artifice » est l'un des plus anciens de la pensée philosophique – le dualisme platonicien l'articule déjà clairement – bien que suivant certaines interprétations, les textes présocratiques attesteraient la connivence originelle de ces notions, leur complémentarité. Ainsi la lecture heideggérienne articule-t-elle positivement la physis et la technè : l'intervention humaine de l'art ne fait que prolonger l'auto-poïèse naturelle dont les hommes et leurs techniques sont déjà l'expression et continuent de faire partie. La technique ou l'artifice ne seraient que des moyens ou des formes supplémentaires de l'auto-dévoilement ou de l'auto-création de la nature : tels seraient la *vérité* et le *sens originel* de l'artifice technique. Certes, les dissociations de l'Histoire ont conduit très tôt (dès Platon, au moins) à opposer les deux termes, et ces dissociations auraient conduit dans l'inconscience périlleuse de la techno-science contemporaine, insouciante et destructrice de la nature et oublieuse du sens même de l'Être. Et ce danger ne pourrait être surmonté que par la grâce d'une pensée permettant de renouer avec la complémentarité originelle, sans la répéter simplement [1].

En attendant, le couple nature/artifice continue bien de fonctionner aujourd'hui selon le régime de l'opposition et de la hiérarchie. Cet usage antithétique est particulièrement sensible dans les discours et débats

1. Cf. spécialement les écrits suivants de Heidegger : *La question de la technique, Science et méditation, La fin de la philosophie et le tournant, Hebel, Lettre sur l'humanisme, Nietzsche, Langue de tradition et langue technique*, ... et l'étude de J. Loscerbo, *Being and Technology*, M. Nijhoff, 1981.

bioéthiques. Ceux-ci sont toujours plus ou moins directement associés à des décisions productrices de normes. La forme générale de la question bioéthique [1] est en effet : « Faut-il ou non permettre, obliger, interdire… et pourquoi ? ». Dans nos sociétés, la réponse apportée à ce pourquoi et destinée à étayer la norme énoncée doit prendre l'allure d'une argumentation qui s'est imposée à l'issue d'une discussion. Notons cependant que les arguments qui étayent une norme ne sont pas nécessairement les mêmes pour tous ceux qui se rallient à cette norme. Il n'est pas rare que des groupes culturels et sociaux différents justifient chacun à sa manière les « raisons » de leur adhésion à une règle commune. Rappelons l'exemple archétypique de la justification et de l'accord ferme et universel appuyé sur des « raisons » irréductiblement diverses : la Déclaration Universelle des Droits de l'Homme (1948) n'a pas de fondement universel et unique.

Description de l'argumentation ontologique

L'une des formes les plus importantes et les plus générales de l'argumentation utilisée pour justifier des normes est l'argumentation *ontologique*. Cette forme reste très fréquente dans les argumentations d'inspiration théologique ou métaphysique : elle leur est même dans une large mesure consubstantielle. Que dit la justification ontologique de la norme ? Qu'un acte doit être interdit (moralement, légalement, politiquement, …) parce qu'il est *contraire à l'essence, à la nature ou à l'ordre des choses*. Par exemple : le choix du sexe, le transfert interspécifique de gènes (végétaux, animaux transgéniques), le clonage humain, etc., seraient *contre-nature* [2].

1. Pour rendre les idées quelque peu plus concrètes, songeons à des questions telles que « Faut-il ou non interdire le clonage humain reproductif, la transgenèse animale, la thérapie génique germinale, ou plus banalement certaines techniques de procréatique ? ».

2. Une excellente et récente illustration de cette forme argumentative est offerte par les six ou sept pages dramatiques consacrées au clonage reproductif humain, dans la *Réponse au Président de la République* (avril 97), par un Groupe de travail du Comité Consultatif National d'Ethique français. Elles parlent de « bouleversements inacceptables de la condition humaine », de la « grande loterie de l'hérédité, avec son inépuisable incertitude, qui constitue une protection majeure de l'être humain », d'« un attentat à la condition de l'homme », de « sortir de l'humaine nature », etc. Et elles concluent à une inévitable « condamnation éthique véhémente, catégorique et définitive ». Nous avons développé une critique détaillée dans « Is cloning the absolute evil ? », in *Human Reproduction*, vol. 13, n°7, 1998.

La force extraordinaire et l'attrait de cet argument tiennent au fait qu'il associe structurellement l'interdit et l'impossible : il enracine l'interdiction dans l'impossibilité garantie par la Nature, l'Être ou Dieu. Toute transgression est, dès lors, non seulement une faute (contre le « Bien ») mais encore une folie (contre la « Vérité » et la « Réalité »), immanquablement vouée à l'échec. Cet échec infligé par le Réel est le plus souvent interprété comme partie de la punition sanctionnant la transgression.

Soulignons le caractère paradoxal, voire carrément contradictoire, de l'argumentation ontologique : par sa forme même, elle prétend clore le débat, c'est-à-dire disqualifier *a priori* et à jamais toute argumentation ou discussion futures. L'argument ontologique est donc un argument anti-argumentation. Il tend à agir comme un vaccin prémunissant contre tout argument-objection à venir. En effet, il tranche la question posée (« Faut-il ou non… ? ») en se présentant non comme un simple argument – une assertion soutenue par des personnes – parmi d'autres, mais comme l'expression objective et impersonnelle du Vrai et du Réel. Dès lors, il n'est plus une simple justification sur laquelle les intéressés auraient pu s'accorder, mais un reflet de *ce qui est* indépendamment des intéressés (et des hommes en général). En conséquence, il frappe de caducité tous les autres arguments, toutes les objections, comme subjectifs, faux, irrationnels… L'argumentation ontologique cherche à mettre un terme définitif à la discussion, au débat, à la conversation, au jeu polémique de l'intersubjectivité, … en renvoyant à une transcendance, c'est-à-dire à une instance (Dieu, Vérité, Réel, …) indépendante et supérieure, « hors débat », non relativisée par le contexte, par les processus et évolutions empiriques en cours [1]. Elle *fonde* la norme plus qu'elle ne la justifie. Son intérêt comme facteur d'ordre et de stabilité des sociétés humaines et donc comme moyen de gouvernement est évident.

Analyse de l'argumentation ontologique

Certes, nous venons de souligner à juste titre que la portée propre de l'argumentation ontologique est d'indiquer « hors débat », en direction du Réel extra-linguistique. Mais l'attention au *mot* « onto-logique », à sa

1. Tout ceci a été particulièrement bien mis en évidence par le philosophe américain Richard Rorty. Le lecteur peut se référer à l'ouvrage collectif : G. Hottois et M. Weyembergh (eds), *R. Rorty. Limites et ambiguïtés du postmodernisme*, Paris, Vrin, 1993.

composition qui réfère à ce qui est (*onto*) et au discours (*logique*), invite à s'intéresser à la réalité *et* au *langage*. Si nous tenons compte de cette observation, la nature et la portée de ce qui est déclaré « ontologique » change singulièrement.

L'ontologique apparaît, en fait, comme un mixte de « réel » et de « langage »; il réfère non au réel hors langage, mais à l'expérience symbolisée par les hommes. Certains textes de la phénoménologie, de Heidegger à Merleau-Ponty notamment, ont, non sans ambiguïtés, souligné cette complexité de l'ontologie qui la distinguerait de la métaphysique[1]. Dans cette perspective, la véritable référence de l'argumentation ontologique n'est pas un Réel a- ou extra-linguistique, mais l'expérience collective et traditionnelle des hommes qui s'exprime dans la langue, la culture, spécialement dans certains textes privilégiés. La référence est la symbolisation multiple de l'interaction des hommes et de la nature, la condition humaine naturelle-culturelle en sa diversité. L'ontologie alléguée – en laquelle on est invité à trouver un fondement absolu et universel – n'est dès lors à chaque coup que l'absolutisation des règles et structures solidaires d'*un* contexte socio-culturel déterminé, d'*une* tradition, d'*une* langue. Wittgenstein affirmait que la métaphysique doit être comprise comme un ensemble de remarques grammaticales ou syntaxiques[2] : la métaphysique n'est qu'une métalangue qui veut s'ignorer comme telle et se prendre pour un miroir ou, mieux encore, une vitre non déformante et parfaitement transparente qui donnerait à voir les structures essentielles du Réel extralinguistique. Ainsi s'expliqueraient à la fois la diversité des ontologies et des métaphysiques en même temps que la prétention de chacune d'elle à l'Universalité, à la Vérité, à être l'Unique Conception légitime.

Les contextes, les langues et les traditions ontologisés sont toujours ceux d'une expérience déterminée de la nature, expérience associée à un certain développement des techniques médiatrices – autant que les symboles mais autrement qu'eux – des interactions humaines avec la réalité physique. Cette interaction complexe, à la fois technique et symbolique (plus ou moins « scientifique » aussi, au sens que nous accordons aujourd'hui à ce terme), comporte notamment une classification et une définition des êtres et phénomènes naturels, ainsi qu'une délimitation de

1. Et c'est pourquoi une part importante de la phénoménologie s'est rapprochée de l'herméneutique jusqu'à se fondre en elle. Ce mouvement traverse l'œuvre heideggérienne et culmine dans celle de Gadamer, promoteur de l'herméneutique philosophique dans *Wahrheit und Methode* (1960).

2. Voir les *Investigations philosophiques* ou la *Grammaire philosophique*.

l'étendue du pouvoir des humains d'intervenir dans la nature, sur les êtres et phénomènes de nature. Pour la philosophie aristotélicienne de la nature, qui, à maints égards, demeure, explicitement ou non, active dans bien des argumentations bioéthiques, la distinction des espèces naturelles correspond à des différences d'essences, qu'il n'est pas possible de modifier. Les espèces sont des formes essentielles que le savoir-miroir ontologique décrit; elles n'évoluent pas et ne peuvent pas être changées. Accorder à une espèce des propriétés appartenant à une autre ou imaginer que l'être humain puisse se reproduire sans rapport sexuel apparaît dès lors aussi insensé, impossible et sacrilège, que vouloir lancer un engin vers les astres dans un univers pré-copernicien géocentré qui n'admet au-delà de la Terre que des mouvements circulaires parfaits et des objets (les astres) composés d'une matière incomparable à tout ce qui se rencontre ici-bas. Au sein d'une telle image-monde, la fusée spatiale n'est pas seulement techniquement mais encore théoriquement (symboliquement) exclue : impossible *a priori*, absurde.

L'ontologie est toujours celle d'un « monde-de-langage » déterminé : elle « durcit » les lignes de force de cette mise en forme symbolique de l'expérience transmise de génération en génération. L'ontologie est une sémantique. Ce qu'il est important de comprendre, c'est que cette sémantique n'est ni totalement arbitraire par rapport à une forme de vie et à son environnement naturel, ni intégralement déterminée. Si elle était trop arbitraire, elle n'offrirait pas assez de repères opérationnellement fiables pour permettre la survie de la forme de vie; si elle était entièrement déterminée, elle ne permettrait aucune évolution ou adaptation et réduirait la relation homme-nature à une sorte de déterminisme causal mécanique analogue à l'instinct. Un propos majeur de l'œuvre de G. Simondon [1] a été de montrer que la culture traditionnelle, la mise en forme « littéraire ou symbolique » de l'expérience humaine, encore enseignée et transmise sur le mode dominant au XXe siècle, était en réalité appropriée à un *état dépassé des sciences et des techniques*. Selon lui, la schizophrénie caractéristique du XXe siècle opposant, d'une manière irrationnelle, les « deux cultures » (P. Snow), la technophobie dogmatique et réactionnaire ou conservatrice, d'une part, et la technophilie effrénée, d'autre part, pourrait être surmontée grâce au développement d'une « culture technique ».

Le *déphasage* « culture/technique », « représentation traditionnelle de la nature/science opératoire », etc. entraîne le repli des représentations

1. Cf. *Du mode d'existence des objets techniques* (1958) et *L'individuation psychique et collective* (1989) ainsi que la monographie que nous lui avons consacrée : *G. Simondon et la philosophie de la « culture technique »*, Paris-Bruxelles, De Boeck-Université, 1993.

symboliques désuètes sur elles-mêmes, leur décrochement ainsi que leur entretien dogmatique et répétition sclérosée par les groupes qui continuent d'y chercher les repères de l'existence.

Ce qui paraît tout à fait caractéristique de la situation contemporaine et qui concerne directement la question de l'argumentation ontologique est que le « déphasage » n'est plus simplement une question de contenus, mais aussi de structure ou de style. L'évolution technoscientifique modificatrice de notre rapport à la nature et à notre condition est continue, rapide, imprévisible et non limitée *a priori*. La symbolisation appropriée ne consiste donc plus simplement à troquer une image stable révolue contre une nouvelle représentation également stable mais mieux adaptée, comme de changer d'ontologie, de métaphysique ou de symbole religieux. C'est la croyance sous-jacente, la présupposition fondatrice de l'existence d'un Ordre, d'une Nature, d'un Sens du Réel, donné et stable, à refléter seulement toujours plus fidèlement en écartant les erreurs et les apparences, c'est cette croyance qui est devenue anachronique. Or, cette présupposition en voie d'obsolescence continue d'animer toute argumentation de type ontologique. Elle est associée au désir d'une homéostase biologique et symbolique (culturelle, politique, institutionnelle, ...) qui serait conforme à la nature et à la nature humaine. Ce désir n'est certainement pas un caprice superficiel : comme réponse à l'angoisse de l'éphémère et de la mort, il est profondément ancré dans l'existence humaine. Mais notre civilisation occidentale centrée autour de la dynamique de la RDTS (Recherche et Développement TechnoScientifiques) en voie de planétarisation aurait besoin d'une symbolisation susceptible d'un perpétuel ajustement, méta-stable, évolutive. Pas une culture-structure, mais une *culture-processus*, capable d'*accompagner les technosciences* et les nouveaux pouvoirs qu'elles développent.

La révolution est radicale, en cours, et, probablement, appelée à le demeurer. Notre angoisse de la mort, notre expérience de l'éphémère et de la contingence universelle sont de moins en moins apaisées par la référence symbolique à un Ordre, un Réel, une (Sur-)Nature transcendants, qu'offraient les cultures onto-théo-métaphysiques. Ces références ne conviennent plus pour nous aider à nous repérer au sein d'une forme de vie et d'un environnement *processoraux*. Les normes indispensables pour la régulation d'une telle civilisation ne peuvent plus non plus être justifiées par des argumentations ontologiques qui asseoient l'interdit et l'obligatoire sur l'impossible et le nécessaire. Ce type d'arguments peut être décrit comme une forme du « sophisme naturaliste » (« naturalistic fallacy ») qui invite à passer du fait (ici ontologique) au droit et au devoir. Il est solidaire d'un manque de confiance en l'homme à deux égards : en ce qui concerne la capacité humaine (technique) d'intervenir dans la condition impartie à l'humanité par l'évolution naturelle et de la transformer progressivement et sans limitations *a priori*; deuxièmement, en ce qui concerne la capacité humaine (symbolique) d'établir des normes et de les respecter sans devoir les fonder sur des puissances et des instances extra- ou supra-humaines.

Il est remarquable que dans nos sociétés pluralistes et techniciennes cette forme d'argumentation continue d'être utilisée abondamment. Tantôt directement et comme telle : lorsqu'on affirme qu'un comportement, une action, sont contre-nature (par ex. l'homosexualité, le clonage, la thérapie génique germinale, la transgenèse...). Tantôt beaucoup plus subtilement comme postulat et comme espoir par des penseurs qui, en même temps, soulignent la nécessité de l'argumentation et de la discussion. Ainsi, la conviction philosophique dans la mouvance de K.O. Apel ou de J. Habermas suivant laquelle une discussion suffisamment étendue doit en principe conduire à dégager les arguments rationnels universellement acceptés, le doute n'existant pas quant à la possibilité et à la nécessité d'une telle solution rationnelle univoque des problèmes. Contre cette conception, des penseurs dits « postmodernes » considèrent que la foi rationaliste est solidaire d'une culture et d'une tradition : le monde occidental, et qu'elle fait partie de l'arsenal symbolique propre à la stratégie occidentale de conquête et d'assimilation des autres cultures. Comme le postmodernisme n'est lui-même qu'une expression récente de l'Occident planétaire, on peut se demander si la question vraiment importante n'est pas, en définitive, celle de la force et de l'efficacité de l'argumentation d'inspiration ontologique. Question, soulignons-le, elle-même contextuelle : que vaut l'argumentation ontologique dans la cadre de la civilisation technoscientifique en évolution continue et illimitée ? Il n'est guère de doute que par rapport à maints contextes socio-culturels, l'argument ontologique constitue et surtout a constitué un instrument de cohésion sociale et de gouvernement puissant, et peut-être indispensable. Cette considération *rhétorique* (et politique) de l'argumentation ontologique est évidemment *pragmatique*. En tant que telle, nous pouvons l'accepter. Mais nous ajoutons que nous ne pensons pas que *l'argumentation ontologique soit pragmatiquement appropriée pour réguler symboliquement (institutionnellement) ou pour justifier (au sens de fonder) la régulation symbolique des sociétés qui s'articulent autour de la* RDTS.

QUELQUES PRÉSUPPOSÉS DE LA POSITION EMPIRICO-PRAGMATISTE PROCHE DE LA RDTS

L'argumentation ontologique est historiquement solidaire d'une profonde impuissance technique de l'homme à l'égard de la nature, associée à une assomption-sublimation essentiellement symbolique et non opérative de sa condition, qui s'exprime aussi d'une certaine façon dans l'adage du moraliste : se changer plutôt que vouloir changer le monde. De la science moderne à la technoscience contemporaine, ce rapport de l'homme à la nature et à sa condition n'a cessé de se modifier dans le sens de l'affirmation croissante de la puissance opérative. Constitutivement, la science moderne associe le savoir, qui est savoir causal, et le pouvoir d'intervenir et d'infléchir, puisque dès lors que l'on connaît la cause matérielle d'un événement, il est possible d'agir sur cette cause et de supprimer ou de modifier les effets. C'est pourquoi dès sa naissance, la science moderne est technicienne, *technoscience* en puissance.

Science moderne et technoscience sont *empiriques*. Ceci signifie notamment qu'elles ne reconnaissent de limites et de résistances que situées et expérimentées, toujours *a posteriori* et contingentes. Ce qui ne veut pas dire que tout soit possible, surtout pas que tout est possible ici et maintenant ou dans n'importe quel contexte. Cela veut dire que rien ne peut être déclaré *a priori* et absolument impossible. Cette présupposition s'applique aussi aux « lois de la nature » qui sont les résistances les plus fermes reconnues par les sciences empiriques. Ces lois sont hypothétiques, *a posteriori*; leur validité est relative, s'agissant même des lois les plus « fondamentales » de la physique, et les impossibles qu'elles entraînent ne peuvent pas être absolutisés. Rien n'empêche – au contraire : la science moderne enjoint – de poursuivre les recherches et les essais pour contourner ou surmonter les limites associées aux lois théorisées dans le cadre d'un certain état d'avancement scientifique et technique. C'est toujours du sein d'un contexte – physique, technique et symbolique – que les frontières du possible et de l'impossible sont tracées, et rien n'empêche de concevoir qu'un changement de contexte modifiera ces contours et fera disparaître les limites et les résistances considérées comme insurmontables. Cette réflexion s'applique tout particulièrement aux limites associées à des systèmes techniques[1] : les limites d'un système basé sur le charbon, la machine à vapeur et le fer n'ont pas grand chose de commun avec les

1. Cf. à ce sujet les travaux de B. Gille, spécialement dans son *Histoire des techniques*, Gallimard (Pléiade).

limites d'un système basé sur le bois, les machines simples et la force animale, éolienne ou des moulins à eau ; rien de commun non plus avec un système basé sur l'énergie pétrolière et la pétrochimie, ... Que pouvons-nous dire des limites d'un système basé sur l'informatique, la génomique, les nouveaux matériaux « intelligents », etc. ? Les limites de la croissance sont toujours celles d'un certain système technique, associé à un certain développement des sciences et à une certaine symbolisation de l'existence, une certaine forme de vie caractérisée par des comportements. Les limites imposées par la « biosphère » sont ainsi également relatives et ne doivent pas être absolutisées telles des limitations ontologiques, comme le postulent des courants fondamentalistes de l'écologie profonde. La technologie spatiale, certes embryonnaire, en constitue la transgression symbolique *et* opératoire en cours de développement. Cette lucidité à l'égard du caractère empirique de toute limite et résistance devrait, en réalité, accroître notre sens de la prudence et de la responsabilité. Êtres empiriques nous-mêmes nous sommes radicalement dépendants de ces limites, et le danger est grand de ne pas les prendre en compte telles qu'elles existent sous prétexte qu'elles sont *en principe* relatives et surmontables. *Mais la conjuration de ce risque ne réside pas dans l'absolutisation des limites empiriques*, contraire à la dynamique empiriste de la civilisation techno-scientifique. La seule réponse viable pour celle-ci est dans la prudence et la responsabilité avec lesquelles la recherche et l'essai transgressifs, la production du futur doivent être poursuivis. De ce point de vue, la frénésie et l'impatience, l'utopisme qui entretient le fantasme selon lequel bientôt tout sera possible et qu'il y a donc lieu de se hâter afin de pouvoir en jouir, sont dangereux et incompatibles avec l'empirisme patient et prudent[1].

L'empirisme va avec la contingence, le non-nécessaire. La pensée évolutionniste néo-darwinienne et certains aspects de la physique contemporaine ont fortement contribué à souligner l'importance du hasard, de l'accident, de l'imprévisible dans le développement de la nature et du monde humain. La contingence de notre forme de vie la rend en principe malléable, indéfiniment transformable, ouverte. Mais elle la fait aussi infiniment précaire, dépendante des aléas heureux ou malheureux, ainsi que des résolutions conservatoires ou transformatrices que nous adopterons. La connaissance que nous avons de l'évolution biocosmique et de l'histoire humaine rend particulièrement invraisemblales et donc symboliquement

1. Tout en reconnaissant l'intérêt du *Prinzip Verantwortung* (1979) de H. Jonas, nous prenons donc toutes nos distances par rapport à sa réponse métaphysique ontologiquement argumentée (fondée) aux risques associés à la vulnérabilité advenue de la nature et à la précarité de notre condition.

inopérantes les images et notions d'ordre naturel, d'harmonie, de stabilité et de finalité ou de sens *a priori* donné dans la nature, qui alimentent en arrière-plan les argumentations ontologiques.

Deux opérateurs de change et d'échange caractéristiques de notre civilisation technoscientifique jouent un rôle crucial dans l'abrogation de toute limitation de type ontologique : l'argent et la technique. L'argent est l'opérateur symbolique de la désontologisation universelle. Cette portée de la monnaie est déjà inscrite dans la distinction classique entre valeur d'échange (intersubjectivement décidée) et valeur d'usage (laquelle est dépendante de la nature des choses). Tout cela s'exprime avec une acuité particulière dans les processus de la globalisation qui sont « décodant » et « déterritorialisant ». Ces processus ne sont pas concevables ni surtout praticables sans les techniques, spécialement de communication. Mais c'est plus profondément que la technique est requise par la dynamique d'illimitation. Nous l'avons dit, l'argent ne constitue qu'un opérateur *symbolique* de suppression des frontières. C'est la RDTS, ce sont les technosciences qui permettent de dépasser concrètement, physiquement, les limites associées à un ordre naturel donné. Mais c'est aussi dans la RDTS qu'une partie importante du capital s'investit : ainsi, la puissance symbolique et imaginaire du capital se réalise dans une dynamique de puissance opératoire contestatrice de tout ordre naturel ou ontologique donné, spécialement l'ordre de la condition humaine [1].

LIMITES ET ARTIFICES : L'EXEMPLE DE LA MÉDECINE

La médecine est devenue un foyer d'enjeux multiples : politiques, économiques mais plus profondément philosophiques et religieux. La question des limites, de la nature et de l'artifice, se pose à son propos avec une acuité croissante. C'est que la médecine est traditionnellement *thérapeutique*, c'est-à-dire qu'elle a pour finalité de restaurer une intégrité naturelle – la santé – accidentellement lésée. Il y a là toute une philosophie

1. Le lien entre l'argent et l'opératoire, c'est-à-dire avec le travail qui est associé à la finitude humaine, a une longue histoire depuis le mythe biblique à Marx en passant par A. Smith et Kant (« l'argent est pour les hommes le moyen universel d'échanger entre eux leur travail », *Métaphysique des mœurs*, cf. la brève section intitulée « Qu'est-ce que l'argent ? »). Mais l'opératoire est à comprendre comme travail sur la finitude, pas seulement au sein de la finitude, et les synergies artificialistes entre argent et opérativité technique vont bien au-delà de ce que ces philosophes ont imaginé.

implicite, toute une anthropologie essentialiste sous-jacente. Mais il y a aussi, par ailleurs, le fait que la médecine moderne expérimentale et surtout les technosciences biomédicales développent des capacités opératoires non contenues *a priori* par une quelconque intrégité naturelle. La médecine contemporaine développe une capacité croissante de répondre aux *désirs* qui, à la différences des besoins « naturels », ne peuvent pas être universellement définis et participent d'une dynamique d'illimitation, de demande infiniment diverse et continuée. Cette médecine, quelquefois dite du désir et dont le prototype a été la chirurgie plastique, postule une philosophie de l'homme et de la nature d'inspiration plus nietzschéenne qu'hippocratique ou chrétienne. Dans un ouvrage devenu classique (*Le normal et le pathologique*, 1943), G. Canguilhem souligne la relativité non universalisable de la norme et du normal, l'absence de toute définition substantielle de la santé qui soit valable pour l'homme en général et applicable à chaque individu en particulier, car « l'homme est un être insatiable, c'est-à-dire qui dépasse toujours ses besoins » – « La santé, c'est la possibilité de dépasser la norme qui définit le normal momentané, la possibilité (...) d'instituer des normes nouvelles dans des situations nouvelles » ou encore : la santé est « un sentiment d'assurance dans la vie qui ne s'assigne de lui-même aucune limite » (*oc,* éd. PUF, 1993, p. 130, 134). A suivre cette ligne de pensée, on sera tenté de dire que la dynamique d'illimitation et de création incessante de nouveaux possibles et de nouvelles normes propre à la civilisation technoscientifique exprime une santé triomphante des individus et des groupes qui la propagent.

Par ailleurs, si comme l'affirme Nietzsche[1], l'homme est « parmi toutes les bêtes malades, celle qui l'est le plus profondément et continûment », alors la seule réponse « saine » à la condition humaine serait dans la poursuite diverse, artificieuse et illimitée de son remodèlement, en l'absence de toute « bonne forme essentielle et originelle ». Remarquons toutefois que le culte nietzschéen de l'artifice visait exclusivement les fictions symboliques et non les technosciences. Le nietzschéisme comprend encore l'homme comme un être dont la libre essence serait de symboliser et d'interpréter d'une manière irréductiblement diverse. L'ennemi est, dans cette optique, la volonté monolithique (politique, théologique, éthique, ...) d'hégémonie symbolique.

Argumentant « ontologiquement », beaucoup prétendent que la médecine est *essentiellement* thérapeutique et que déjà dans les détours de la palliation, elle s'éloigne de ses objectifs.

1. Ainsi que nous l'avons déjà noté ci-dessus.

Ne vaudrait-il pas mieux dès lors séparer clairement de l'activité médicale les manipulations qui sont transformatrices, créatrices, largement artificieuses, plutôt que de tenter de plier la médecine à des fins autres que ses fins traditionnelles ? Parler, par exemple, de « biotechnie » lorsque la biomédecine est sollicitée à des fins non thérapeutiques, « contre-naturelles » ? Mais, sauf cas extrêmes, il serait sans doute très souvent périlleux et arbitraire de trancher, car la nature n'est pas cette harmonie que la maladie viendrait simplement troubler. Et dans la mesure où l'homme est d'abord homme par son esprit, pourquoi les désirs qui le perturbent et que des techniques nouvelles pourraient apaiser ne seraient-ils pas aussi naturels que les maux corporels que la médecine soigne ? Beaucoup se soucient aujourd'hui de rappeler les objectifs de la médecine. Ce rappel est encouragé par les problèmes économiques qui imposent des limites et rappellent la finitude : haro sur la médecine au service du désir, de la puissance, de la lutte contre la finitude, la vieillesse et la mort, etc. Haro sur cette médecine dévoyée et coûteuse, contre-naturelle, anti-médicale... Soit. Mais alors sortons de la médecine ce désir d'infinitude qui suggère que l'homme est essentiellement et non accidentellement malade. Faisons une politique de la médecine soignante et une autre à propos du désir de technique et de dépassement. Et faisons deux économies différentes. Mais deux éthiques aussi. Car on distingue clairement une grande (ir)raison pour freiner la sortie hors de la médecine (et de ses comités d'éthique) l'invention symbolico-technique de l'homme au futur : la *peur* de cette émancipation infinie et imprévisible. Maintenir les biotechnologies ou les bio-technosciences humaines (opérant le vivant humain) à l'intérieur de la médecine permet, parce que toute recherche et manipulation est, en principe, soumise au contrôle éthique, de freiner puissamment, ou en tous cas de limiter la diffusion de cette invention désirante. Maintenir tout cela au sein de la médecine serait ainsi faire œuvre pieuse, religieuse et éthique.

Cette situation entraîne la nécessité de la rhétorique médicale : toute manipulation (re)créatrice de l'homme doit être présentée comme poursuivant un but thérapeutique, c'est-à-dire somme toute non créateur, conservateur, restituteur. Il existe ainsi toute une argumentation ambiguë de la recherche sur le cancer, sur le sida, sur les maladies génétiques. Une grande part du débat bioéthique est alimentée par et contre cette rhétorique ; il est confusément pris dans les ambiguïtés qu'elle alimente. Mais peut-être cela est-il nécessaire, ruse-détour, ruse de l'artifice obligé de prendre la guise de la nature ou, du moins, du service de la nature, puissance « s'empêchant », indispensable à un « développement durable » (comme on dit aujourd'hui)...

Il reste que cette problématique n'a de sens qu'en fonction d'une certaine conception de la nature : le couple nature/artifice n'a de signification, toujours relative, qu'en fonction d'un contexte lui-même à la fois naturel, culturel, technique et symbolique. Nous avons tenté d'expliciter quelques aspects du contexte dans lequel il fonctionne aujourd'hui, en liaison étroite avec la question des limites et des interdits, c'est-à-dire de la régulation normative, et en référence illustrative à quelques problèmes suscités par le développement des technosciences biomédicales.

CINQUIÈME PROCESSUS : L'INFORMATION

INFORMATION ET SAVOIR GÉNÉTIQUES

Commençons par introduire une première distinction, capitale pour la clarté et pour la mise en évidence des problèmes (notamment éthiques), entre ce que nous appellerons l'*information* et le *savoir* génétiques.

L'information génétique est l'information constituée par les gènes ; elle n'existe et n'opère qu'au plan moléculaire, principalement sous la forme de l'ADN. Des molécules véhiculent ou sont, dira-t-on, pour d'autres molécules de l'information, mais on ne parlera pas d'un savoir des molécules.

Le savoir génétique est l'ensemble des représentations symboliques dites « scientifiques » qui, à l'aide de techniques, donne accès à et prise sur l'information génétique. Ce savoir scientifico-technique est lui-même immergé dans une foule de représentations symboliques, peu ou pas du tout scientifiques (culturelles, morales, idéologiques, religieuses, fantasmatiques, ...) qui pèsent lourd et diversement dans les usages que l'on fait de l'information *et* du savoir génétiques. La frontière où finirait le savoir proprement scientifique et les représentations qui ne le sont pas n'est ni nette ni stable, car la science se compose d'hypothèses plus ou moins opératoires et plus ou moins spéculatives.

La différence entre information et savoir génétiques soulève le problème épistémologique (et plus généralement philosophique) familier de l'accès à la réalité en soi, indépendante de nos représentations et de nos techniques, et cependant donnée seulement par elles. Il reste néanmoins que nos représentations de l'opérativité moléculaire *ne sont pas* cette opérativité : on ne produit pas des protéines avec des hypothèses scientifiques et des représentations symboliques. Et l'envoi de l'image détaillée du génome modifié d'un virus sur des embryons de souris ne produira jamais de lignée de souris transgéniques. Bien que cela continue de gêner pas mal de philosophes, les mots ne sont pas les choses, ou du moins ne s'agit-il pas des mêmes choses. Ce n'est qu'associé à des procédures et à des techniques matérielles que le savoir scientifique peut contribuer à la production effective de protéines ou d'OGM [1] (par exemple). Une caractéristique déterminante de la science contemporaine tient dans cette association qui implique qu'une théorie n'est vraiment *scientifique* que si elle est matériellement opératoire; c'est pourquoi on parle aujourd'hui de *technoscience*.

Il nous paraît éclairant de distinguer entre :

– processus et opérativité physiques
– processus et opérativité techniques
– processus et opérativité symboliques.

Ces distinctions n'empêchent pas que les interactions entre ces diverses formes de processus et d'opérativités soient nombreuses, ce qui suggère qu'il n'y a pas lieu d'imaginer entre elles des différences « ontologiques » qui rendraient ces interactions théoriquement impossibles.

Une caractéristique importante est que les processus et opérations physiques de l'information génétique se déroulent naturellement indépendamment de toute conscience. Pour autant que nous sachions, ils constituent même un ensemble de conditions complexes indispensables à l'avènement de consciences. En effet, nous ne connaissons pas de conscience sans cerveau, de cerveau sans organisme vivant, ni de vivant sans information génétique.

Mais ceci ne veut pas dire que les processus – techniques et symboliques – dépendants ou partiellement dépendants des consciences (et plus vaguement de la subjectivité et de l'intersubjectivité) ne seraient pas eux aussi physiques, matériels. Sons, marques graphiques, perceptions sont bien des structures et des processus physiques comme le sont les traces, processus et interactions encore très mal connus dans le cerveau et le système nerveux. La question de la nature matérielle physique ou non ne se pose vraiment, à notre avis (partagé par pas mal de philosophes, cette fois), qu'à propos de cette réalité ou de ce processus qu'est la conscience elle-même.

Au terme de cette mise en perspective de quelques distinctions importantes pour notre propos, revenons brièvement sur l'information génétique.

Sans entrer dans un exposé de biologie moléculaire, pour lequel nous n'avons d'ailleurs guère de compétence, soulignons que les structures et

1. Organisme génétiquement modifié.

processus de l'information génétique se caractérisent tout au long de la vie d'un organisme vivant par :

– des interactions, interférences et modifications internes à la molécule ADN

– des interactions et interférences avec le milieu intracellulaire et transcellulaire qui constitue un organisme multicellulaire

– des interactions avec le milieu extérieur.

Ces processus et interactions sont non seulement extrêmement complexes par leurs modes de régulation, mais ils sont aussi en partie *chaotiques* en raison des accidents (en particulier, liés à l'interaction avec le milieu externe) et, probablement, en raison d'une indétermination quantique au plan moléculaire, susceptible d'induire des mutations.

Le déterminisme et la prédictibilité du fonctionnement de l'information génétique sont donc loin d'être absolus.

Le savoir génétique

Nous entendons par « savoir ou connaissances génétiques » la représentation *scientifique* – c'est-à-dire prédictive et opératoire lorsqu'elle est associée à certaines techniques – de l'information génétique. En l'occurrence, il s'agit de la connaissance du génome humain et de son polymorphisme. Mais, en particulier lorsqu'il concerne des individus, des familles et des groupes, ce savoir comprend aussi des connaissances génétiquement pertinentes dont l'origine n'est pas une analyse d'ADN, des connaissances qui éclairent indirectement et avec une probabilité variable. Ces connaissances sont de nature et d'origine très diverses :

– des analyses biologiques concernant la présence, l'absence, le nombre et la forme de protéines codées par des séquences géniques et indicatrices du fonctionnement de celles-ci

– des histoires médicales individuelles, familiales ou communautaires

– des généalogies

– des fichiers et registres épidémiologiques

– des statistiques

– la connaissance de facteurs environnementaux et comportementaux.

La très large majorité des maladies à composante génétique sont multifactorielles[1], ce qui signifie *polygéniques* (elles sont causées par la mutation de plus d'un gène) et *multicausales* (les causes génétiques

1. Par exemple, les maladies cardio-vasculaires et les cancers.

agissent conjointement avec des facteurs environnementaux et comportementaux qui hâtent, retardent, modulent ou empêchent la maladie). En outre, de nombreuses mutations géniques différentes peuvent provoquer la même maladie suivant une gravité variable (par exemple, la mucoviscidose – cystic fibrosis – peut être causée par plus de 500 mutations différentes du gène).

Un paradigme tout à fait abusif tend à dominer le savoir génétique tel qu'il est encore trop souvent compris, présenté voire idéalisé. C'est celui de la maladie qui n'est causée que par la mutation d'un seul gène et sur laquelle les facteurs non génétiques sont sans effet ou d'un effet négligeable. Ce modèle d'un processus déterministe et prédictible est illustré par quelques rares maladies monogéniques dominantes, telle la maladie de Huntington[1].

En conclusion, le savoir proprement et directement génétique (livré par des analyses géniques), tel qu'il existe aujourd'hui, est foncièrement partiel, composite et probabilistique. Sa capacité prédictive n'est, le plus souvent, qu'indicative, à compléter et à nuancer par des connaissances concernant d'autres facteurs co-déterminants de l'évolution de la santé d'un individu.

La portée personnelle du savoir génétique

Par « portée personnelle », nous entendons la nature et l'importance du contenu de connaissances génétiques relativement à une ou des personnes.

Relativement à un individu :

La technique des empreintes génétiques est une technique d'identification : elle permet de dire si telle parcelle de matière organique contenant de l'ADN appartient bien à tel individu. L'empreinte est sans contenu autre qu'identitaire : elle est comme une étiquette propre à un individu mais elle ne révèle rien au sujet de cet individu, puisqu'elle concerne les parties non codantes de l'ADN. Sauf sur un plan : la ressemblance d'empreintes appartenant à plusieurs individus est révélatrice de liens biologiques et donc indicative d'une parenté ou d'une filiation entre ces individus.

L'analyse chromosomique et génique, en plein essor depuis le lancement du Projet Génome Humain au début des années 90, est révé-

1. Il reste cependant impossible de prédire si elle se déclenchera dès la quarantaine ou dans la cinquantaine pour un individu déterminé.

latrice, *suivant un degré de probabilité et de fiabilité très variable*, d'un nombre croissant de déterminations et de prédispositions propres à une personne et concernant :

– principalement, sa santé actuelle et future
– des caractéristiques physiques
– des caractéristiques comportementales et psychologiques
– des appartenances ethniques et généalogiques.

Relativement à des groupes d'individus :

C'est une des caractéristiques – chargée de problèmes éthiques – de la connaissance d'un profil génétique propre à une personne de contenir aussi des indications plus ou moins fiables et probables concernant d'autres personnes. Ces autres personnes sont d'abord la famille (présente, passée et future) ayant un lien biologique avec l'individu testé. C'est aussi le groupe, plus ou moins étendu, auquel l'individu appartient, spécialement lorsque ce groupe est fermé pour des raisons géographiques (île, isolement dans des régions difficilement accessibles) ou culturelles (encourageant l'endogamie). On songe à de nombreuses ethnies demeurées essentiellement locales dans les pays en voie de développement ou à des populations insulaires (par exemple, Chypre[1] ou l'Islande) ou à des communautés traditionnelles (Juifs Askénazes[2]).

En conclusion, la portée des connaissances génétiques relativement à une personne est potentiellement très étendue, puisqu'elle concerne l'identité, la condition physique et psychologique actuelle et future ainsi que les proches de la personne testée.

Les supports du savoir génétique

Le savoir génétique peut être conservé de trois manières :

– d'abord, sous la forme de l'information génétique elle-même, c'est-à-dire des cellules, des lignées cellulaires, des tissus, des organismes. Cette modalité n'est pas marginale, au contraire, ainsi qu'en témoignent le nombre et la richesse des « biobanques » (banques de tissus, de cellules, d'ADN, génomiques). Cette forme de conservation est paradoxale dans la mesure où l'information génétique n'est pas le savoir génétique. Toutefois,

1. Avec le problème, aujourd'hui largement sous contrôle grâce au dépistage génétique anté-conjugal et anté-natal, de la thalassémie.
2. Fréquence élevée de la maladie de Tay-Sachs.

moyennant les techniques et les procédures de « lecture » appropriées le passage de l'information au savoir est quasiment automatique. En outre, cette forme de stockage permet en même temps le développement de nouvelles connaissances génétiques, puisque les génomes conservés n'ont pas encore été entièrement décryptés ;

– sous forme traditionnelle, c'est-à-dire sur des supports papier : registres, fiches, etc. A noter que le codage des connaissances, particulièrement lorsqu'elles sont relatives à des personnes, implique ici aussi que l'on dispose d'une procédure de décryptage permettant la lecture ;

– sous forme électronique ou informatique. L'accès aux connaissances ainsi conservées nécessite à l'évidence des procédures et un appareillage de lecture sophistiqués sans lesquels le savoir stocké reste aussi inaccessible que s'il était demeuré à l'état d'information génétique dans une banque de tissus.

Ces divers types de support du savoir génétique actuel et potentiel suscitent de nombreux problèmes éthiques, spécialement en ce qui concerne la conservation biologique (biobanques) et la conservation électronique (banques informatiques), ainsi qu'en ce qui concerne les connexions qui se développent entre les banques biologiques et les banques informatiques.

Les usages du savoir génétique

Revient ici la distinction capitale précisée en tête de cette étude entre information et savoir génétiques. Un usage fondamental du savoir génétique consiste dans l'utilisation technique de l'information génétique. On applique la science pour produire des effets physiques par le moyen de techniques. Les autres usages concernent ce savoir lui-même en tant que représentation : ils s'adressent à des sujets et n'interviennent pas directement dans l'information génétique.

Les usages techno-physiques ou « objectifs »[1] *du savoir génétique*

Dans les débats bioéthiques (spécialement, les débats les plus médiatisés), les usages objectifs techniques occupent de loin la plus grande place, même s'ils restent, en ce qui concerne les applications à l'homme

1. « Objectif » signifie que le savoir génétique est utilisé pour intervenir dans des processus indépendants de sujets conscients, à savoir dans l'information génétique « en soi ».

largement spéculatifs. Ceci montre que sous la pression de la mentalité technoscientifique elle-même, la bioéthique se soucie davantage des manipulations et de l'opérativité techno-physiques que des manipulations et de l'opérativité symboliques (c'est-à-dire les représentations sociales et culturelles associées aux technosciences). La croissance de la RDTS[1] en génétique biomédicale est généralement identifiée à l'extension de ces capacités d'intervention technique sûre dans l'information génétique au niveau proprement moléculaire. Ces interventions consistent à modifier et à transférer des séquences géniques, éventuellement la totalité de l'ADN nucléaire. Il s'agit essentiellement de la transgenèse et du clonage, dont la thérapie génique et l'eugénique sont des modalités[2].

Ces techniques posent en elles-mêmes des questions de fiabilité et de sécurité (*safety*). Leur opérativité propre est, comme celle de tout processus purement techno-physique, indépendante des sujets humains.

Mais leur développement, leur affinement et toutes les applications concevables sont fort dépendants des représentations symboliques, y compris des représentations que les sujets humains se font du savoir génétique. Ce sont des images, valeurs et conceptions sociales, politiques, morales, religieuses, culturelles, philosophiques, qui rendent désirables, justifiables ou haïssables, les interventions techno-physiques dans l'information génétique d'humains.

Dans la présente étude, nous ne nous étendrons pas sur ces questions rebattues dans les discussions bioéthiques d'une manière souvent d'autant plus confuse et émotionnelle que les techniques demeurent expérimentales et les applications spéculatives.

Ce qui nous requiert dans cette étude, c'est une analyse non de ce que l'on pourra éventuellement faire avec l'information génétique (l'ADN), mais de ce que l'on a commencé à faire, dès aujourd'hui, avec des connaissances génétiques relativement à des personnes. Ce champ naissant est déjà étendu et soulève des questions complexes importantes aux plans épistémologique et éthique. Il paraît éclairant de l'articuler suivant les ensembles d'usages et de finalités suivants :

- médicaux
- judiciaires

1. Recherche et Développement Techno-Scientifiques.

2. Les tests génétiques peuvent aussi directement concerner l'ADN, mais en principe ils ne le modifient pas. Leur but n'est pas d'agir sur l'information génétique, mais d'acquérir des connaissances concernant cette information et se rapportant à un individu ou à un groupe.

– économico-financiers
– socio-politiques.

Usages « subjectifs »[1] *des connaissances génétiques*

Les usages dans le contexte médical

Le but de la médecine est de prévenir, de guérir ou d'adoucir une maladie. Dans le cas des maladies à composante génétique, la connaissance génétique ne permet pas encore à proprement parler de guérir le mal. Seule la thérapie génique pourrait y réussir et elle demeure encore expérimentale. Par contre, la connaissance génétique permet d'adopter des mesures pour contrecarrer ou atténuer les effets d'une maladie génétique ou pour la prévenir, par la prise de médicaments et/ou par le respect d'un style d'existence[2]. Ceci est particulièrement vrai dans le cas de maladies multifactorielles. Le test génétique pouvant être réalisé avant la naissance et, d'une manière générale, au stade présymptomatique de la maladie, la connaissance génétique revêt une très importante portée prédictive source de nombreux problèmes éthiques liés à :
– la notion et la pratique mêmes de la prédiction
– l'impuissance de la prévention et de la thérapie
– l'intervention eugénique.

Nous y reviendrons ci-dessous.

Les usages dans le contexte judiciaire

Il s'agit pour l'essentiel d'usages identifiants destinés à apporter des confirmations ou des démentis concernant l'implication de personnes dans des situations et des actions sanctionnées par la loi. Ces usages se fondent sur la technique de l'empreinte génétique et relèvent soit du pénal soit du civil : par exemple, un crime (meurtre, viol, ...) ou une appartenance familiale avec les droits et les devoirs qui s'y rattachent (vérification de filiation et reconnaissance de paternité, regroupement familial d'immigrés, etc.). Juridiquement déjà bien encadrées et limitées à l'empreinte génétique dépourvue de contenu autre que l'identification formelle d'une personne,

1. Rappelons que par « usages subjectifs » nous voulons dire « qui s'adressent à des sujets ».

2. Par exemple, la phénylcétonurie détectable à la naissance, dont les effets (principalement, un retard mental) peuvent être très largement jugulés par une diète déterminée. Des cancers et maladies cardio-vasculaires à composante génétique peuvent être prévenus par des habitudes de vie et par des médicaments.

ces utilisations ne posent guère de problèmes. Leur usage libre à titre privé, particulièrement dans le domaine du droit de la filiation et de la famille, risque toutefois de susciter des difficultés et des drames personnels. Leur universalisation – c'est-à-dire le fichage génétique identitaire de toute une nation – par un pouvoir juridico-politique soucieux de contrôle et d'ordre soulèverait les questions ordinairement liées aux fichiers électroniques étendus. En particulier, la possibilité de croiser plusieurs fichiers de telle sorte qu'à l'identification formelle de tout individu serait facilement rattachable une série de données sensibles. A noter enfin que la disposition de l'ADN susceptible de fournir l'empreinte génétique permet aussi, en principe, d'autres analyses génétiques allant bien au-delà de la simple identification formelle.

Les usages dans le contexte économico-financier

Sans doute est-ce le domaine pour lequel le développement des connaissances génétiques génère le plus d'inquiétudes et de questions, principalement sur trois fronts :

– l'accès à l'emploi
– l'accès à l'assurance privée (sur la vie ou sur la santé)
– l'accès à des prêts financiers.

Les problèmes posés concernent des ruptures graves de l'égalité d'accès sur base de discriminations scientifiquement contestables et/ou moralement inadmissibles. Le contexte économique et financier très libéral de la mondialisation ne fait qu'augmenter les craintes. Nous reviendrons sur certaines d'entre elles.

Les usages dans le contexte socio-politique

Dans ce domaine, on peut évidemment tout imaginer, concevoir toutes les angoisses et craindre toutes les dérives contraires à la démocratie et aux droits de l'homme. Ces craintes se sont jusqu'ici spectaculairement concentrées sur des spéculations relatives à l'usage *objectif* des connaissances génétiques avec comme paradigme l'eugénisme d'Etat appliquant la transgenèse et le clonage humains. Plus d'actualité et plus subtiles sont les possibilités d'utiliser les connaissances génétiques relatives à des individus et des groupes d'individus, voire à l'ensemble de la société sur base d'analyse génétique systématique visant à dépister une série déterminée de maladies ou de prédispositions, en vue d'asseoir et d'orienter une politique de la santé présentée comme plus rationnelle et plus économique. Plus généralement, le savoir génétique et le screening des individus peuvent devenir le point de départ de toute une série de classifications sociales sur base de critères plus ou moins objectifs sélectionnés en fonction de motivations et de finalités idéologiques n'ayant plus aucun rapport avec le souci de la santé publique. Mais même limités à des préoccupations sociales et politiques concernant la santé, le dévelopement du savoir génétique et son application aux citoyens suscitent déjà un bon nombre de questions fondamentales touchant à la philosophie des sciences et des techniques ainsi qu'à la philosophie morale et politique.

EXAMEN DE QUELQUES PROBLÈMES ASSOCIÉS AUX UTILISATIONS DES CONNAISSANCES GÉNÉTIQUES

Compréhension et appréciation

La juste évaluation des résultats de tests génétiques par le profane non médecin généticien, qu'il s'agisse du patient directement concerné, de sa famille ou de professionnels intéressés (assureurs, économistes, employeurs, ...), est foncièrement problématique. Cette difficulté a une double origine :
– l'incertitude et les inconnues du savoir apporté
– la définition et la valorisation des notions impliquées.

Comme nous l'avons déjà souligné, la maladie autosomale monogénique dominante et « fatale », telle la chorée de Huntington, ou la maladie autosomale monogénique récessive traitable telle la phénylcétonurie, donne une image abusivement déterministe et simpliste de la morbidité génétique.

La plus grosse partie des maladies dites « génétiques » sont d'origine multifactorielle (par exemple, des maladies cardio-vasculaires et des cancers) et leur dépistage présymptomatique est donc celui d'une disposition, d'une probabilité génétique plus grande que la moyenne, de les développer lorsqu'une anomalie génique est détectée[1]. Mais un tel tableau ne prédit d'aucune manière si un individu déterminé tombera malade, ni même qu'il est, dans l'absolu ou *de facto*, plus à risque qu'un autre qui serait génétiquement normal, car ce dernier peut adopter des comportements activant les facteurs non génétiques de la maladie. Une indication plus fiable du risque doit donc tenir compte de l'ensemble des facteurs génétiques et comportementaux et de la situation d'un individu par rapport à cet ensemble. Sur cette base, des conseils préventifs (médicamentaux et de style de vie) peuvent être donnés et différents scénarios peuvent être

1. Cf. par exemple, la livraison du *Hastings Center Report*, mai-juin 95, vol. 25.

imaginés suivant le degré de respect de ces conseils par l'individu. Comme on le voit, on est toujours loin d'une prédiction sûre, non seulement en raison des inconnues et incertitudes associées à l'interaction des différents facteurs, mais encore et plus radicalement en raison de l'imprévisibilité du comportement de l'intéressé, c'est-à-dire du fait de sa liberté. Liberté cependant limitée, car dépendante du contexte social, économique, professionnel et familial au sein duquel elle est exercée. Autrement dit, la chance et la malchance liées à des enchaînements causaux et à des accidents sur lesquels l'individu n'a pratiquement aucune prise mais qui ont heureusement ou malheureusement prise sur lui, jouent aussi un rôle important. Il suffit de jeter un regard sur les liens statistiquement évidents entre la santé d'une population et son niveau économique et culturel (éducation) pour s'en convaincre. Mais ces indications statistiques ne prédisent, bien entendu, rien d'assuré et de précis relativement à la santé de chaque individu considéré isolément.

Les inconnues et les incertitudes quant à la portée de prédiction du savoir génétique appliqué ne viennent pas seulement de la psychologie ainsi que de l'environnement global variable du patient; elles viennent aussi de l'évolution des technosciences. A ce jour, la thérapie génique n'existe pratiquement pas. Mais il n'est pas impossible que d'ici quelques années ou quelques décennies, semblables thérapies seront disponibles pour un nombre croissant de maladies à composante génétique. Une telle perspective n'est pas hors de propos pour des pathologies détectables dès avant la naissance et dont beaucoup ne s'exprimeront qu'à partir de l'âge mûr.

La seconde source de la difficulté d'appréciation des connaissances génétiques tient à la définition et à la valorisation des notions utilisées, principalement les notions de maladie et de santé. Encouragée par une épistémologie exagérément culturaliste et postmoderne des sciences, la critique à ce propos est quelquefois excessive lorsqu'elle suggère que les pathologies aussi bien que la santé ne sont que des constructions sociales et culturelles. Confrontée à des pathologies génétiques lourdes, la plupart du temps létales à court terme quel que soit l'environnement socio-culturel, cette idée se révèle simplement absurde et dangereuse. Cela est évident pour les maladies monogéniques dominantes.

Mais à mesure que l'on s'éloigne de ces cas avérés, les appréciations se compliquent. Est-on malade lorsqu'on est porteur d'une anomalie génétique qui ne s'est pas encore exprimée et qui ne s'exprimera peut-être jamais ? Faut-il déjà se soigner et qu'est-ce que cela signifie ? Comment la société, ses membres et ses institutions doivent-ils apprécier une morbidité présymptomatique et seulement prédispositionnelle ? Et surtout, à mesure que l'analyse génétique s'affinera et que l'on connaîtra les composantes génétiques non seulement des pathologies lourdes mais aussi d'une foule de maladies et de handicaps mineurs, voire de prédispositions comportementales socialement valorisées (agressivité, mémoire, générosité, intelligence, dynamisme, ...), qui sera encore considéré comme sain ou normal ? « Il deviendra clair que peu d'entre nous sont exempts de gènes mutants prédisposant ou contribuant à l'une ou l'autre maladie », remarque Paul Berg[1]. Il faudra remplacer la notion de santé par celle de « multimorbidité présymptomatique généralisée » renchérit Kurt Bayertz dans « What is special about molecular genetic diagnostics ? »[2].

En conclusion, le savoir génétique appliqué à des individus est et restera, dans de très nombreux cas, d'une utilisation problématique en raison des inconnues et des incertitudes, mais aussi en raison de l'arbitraire des jugements que l'on voudra porter à partir de ce savoir. Cette situation est d'autant plus préoccupante que les utilisateurs de ce savoir appliqué ne sont pas seulement des médecins formés à la génétique et au conseil génétique, mais toute une série d'acteurs sociaux, économiques, financiers, politiques, administratifs, déterminants pour l'existence des citoyens.

Dans les analyses qui suivent, nous ne reviendrons plus sur ce problème principiel de la complexité et de la fragilité des connaissances génétiques appliquées aux individus dans une optique de prédiction. Mais il sera toujours à l'horizon des questions soulevées et il invite à une grande prudence généralisée à propos de tous les usages du savoir génétique.

Portée transindividuelle

Le caractère transindividuel de l'analyse d'un génotype particulier tient à la nature même de l'information génétique et de son mode de transmission. A mesure que les analyses s'affineront, les tests génétiques opérés sur une personne déterminée apporteront de plus en plus d'indications concernant le génotype de personnes apparentées par consanguinité. Cette situation pose des problèmes éthiques concernant la communication de ces indications (généralement des risques) aux divers intéressés alors qu'elles sont déduites des résultats de tests effectués sur une personne qui s'y soumettait pour sa propre information et non en vue de celle d'autrui.

On sait que la règle de la pratique médicale est le respect de la vie privée du patient et de la confidentialité des données personnelles que le praticien

1. Cité par Bodmer W., « Genetic testing and insurance », *Nature*, 4 avril 96, vol. 380.
2. in *Journal of Medicine and Philosophy*, juin 98, vol. 23.

réunit. Ces données ne peuvent être communiquées à autrui, sauf à un confrère sous le sceau du secret médical et dans l'intérêt de la santé du patient. Le problème surgit du fait que les données génétiques ne sont pas toutes, à proprement parler, personnelles, et que d'autres que l'individu source peuvent y trouver un intérêt vital. Il y a dans l'information génétique une dimension collective, d'abord familiale, qui a fait dire à plusieurs analystes que le véritable patient ou interlocuteur lorsqu'il s'agit de tests génétiques n'est pas tel patient en tant qu'individu, mais la famille[1]. Etant donné la nature largement collective de l'information génétique, il y a d'ailleurs une sorte d'indiscrétion première à recourir à de tels tests dans la mesure même où ils peuvent donner des indications concernant les parents, les enfants, la famille en général et aussi, indirectement, le conjoint et la famille de celui-ci. L'application ordinaire des principes concernant la protection de la vie privée qui ferait comme si un savoir génétique était strictement individuel n'est donc pas adéquate. Par nature et par destination, l'information génétique, répétons-le, concerne directement autrui. Du point de vue génétique, l'individu isolé est une fiction. L'importance d'un savoir génétique et de sa transmission ne concerne d'ailleurs pas seulement la famille existante, mais aussi la descendance éventuellement lointaine en vue de l'information de laquelle il y aurait lieu de prendre les mesures adéquates. Ainsi par exemple, dans le cas de maladies récessives : la mère, suite à un diagnostic génétique prénatal, apprend que son nouveau-né est porteur, qu'il ne tombera pas malade, mais qu'il peut transmettre le gène à sa propre descendance dans vingt ou trente ans avec un partenaire également porteur. De même, une maladie peut demeurer pré-symptomatique durant quarante ou cinquante ans et produire brusquement un accident cardio-vasculaire éventuellement fatal (par exemple, l'hypercholestérolémie familiale). Si le parent se sait affecté, cette connaissance est évidemment de première importance pour ses enfants qui pourront adopter à temps des mesures préventives.

La compréhension et l'acceptation avec toutes ses conséquences pratiques de la portée transindividuelle de l'information et donc des connaissances génétiques sont encore loin d'être acquises. Il ne s'agit d'ailleurs pas, beaucoup s'en faut, de considérer que le savoir génétique relatif à un individu doit être partagé dans tous les cas. Il ne s'agit pas non plus de passer directement outre son consentement et sa collaboration lorsqu'un

1. Dès 1991, Wertz D.C. et Fletcher J.C. soulignaient ce point dans « Privacy and disclosure in medical genetics examined in a ethics of care », in *Bioethics*, juillet 91, vol. 5, n°3. Même idée exprimée par le Président de la Société pour la maladie de Huntington d'Amérique dans *The New England Journal of Medicine*, 12 novembre 92.

test a révélé des données vitales pour ses proches. La position, à notre avis, la plus éclairée en la matière a été, pour l'essentiel, exprimée dans le Rapport du Nuffield Council on Bioethics : *Genetic screening. Ethical issues*[1], qui s'appuie sur le principe nouveau selon lequel, « *dans des contextes clairement définis*, il peut être approprié de traiter les membres d'une famille comme une “unité” et de mettre moins l'accent sur l'autonomie individuelle du patient » (p. 43). Les critères généraux pour l'application de ce nouveau principe sont :

– l'importance vitale, en termes de santé, pour les membres de la famille, de la connaissance à leur transmettre

– l'existence de traitements et/ou de mesures préventives

– l'effort préalable pour obtenir la collaboration du patient testé et son consentement en vue de la communication de la connaissance

– l'encadrement de l'ensemble de la procédure par un conseil génétique compétent, formé à gérer aussi les problèmes psychologiques et sociaux créés par la divulgation et ses éventuelles conséquences

– la transgression dûment motivée de l'opposition éventuellement persistante du patient à toute divulgation.

Ne pas suivre cette ligne de conduite reviendrait, somme toute, à courir le risque de la non-assistance à personne(s) en danger, ce qui paraît plus grave qu'une entorse à la confidentialité relativement à des données dont le caractère strictement privé et personnel est de toute manière contestable.

L'approche du problème en termes d'*intérêts* (et de responsabilités) plutôt que de *droits* rend plus convaincante la réponse qu'on lui apporte. Ce qu'il s'agit de peser en les mettant en présence, ce sont d'une part l'intérêt du patient au respect de ce qu'il estime relever de sa vie privée et, d'autre part, l'intérêt des membres de la famille (et de la société) à traiter et à prévenir des maladies très graves, voire mortelles, décelables et quasiment déjà décelées sur base de données disponibles. Présenté de cette manière, le problème trouvera la plupart du temps à l'évidence sa solution éthique en accordant la priorité aux intérêts vitaux.

Devoir de savoir et droit de ne pas savoir

Dans le contexte général des capacités croissantes de la médecine à poser des diagnostics présymptomatiques et dans celui plus particulièrement de l'essor de tests génétiques prédictifs à différents stades du développement d'un individu (pré-conceptionnel, pré-natal, post-natal,

1. Décembre 93 ; Ed. Nuffield Council, 28 Bedford Square, London.

adulte), un nouveau droit fondamental a été formulé et on le rencontre de plus en plus souvent affirmé dans la littérature bioéthique, y compris dans des textes à portée juridique[1] : le droit de ne pas savoir (DNPS). Le plus souvent, il est présenté en symétrie apparemment bénigne avec le droit de savoir et non en contraste avec le devoir de savoir. Dans l'exposé critique qui suit, le type de savoir considéré a une pertinence exclusivement médicale : il s'agit de données concernant la santé des personnes (et non par exemple, leur paternité ou leur filiation).

En ce qui concerne le savoir génétique, les défenseurs du DNPS appuient leur argumentation sur certains cas ou aspects frappants de ce savoir, principalement :

– les maladies prédictibles mais incurables (archétype : chorée de Huntington)

– les maladies d'origine multifactorielle au sujet desquelles la connaissance d'une prédisposition génétique a une valeur prédictive faible ou très incertaine.

D'autres situations sont aussi régulèrement évoquées : les découvertes inattendues (le patient se soumet à un test déterminé, mais l'analyse apporte une connaissance qu'il n'attendait pas); les connaissances non demandées (spécialement, celles qui concernent les membres de la famille du patient testé).

La conclusion que l'on veut tirer de ces exemples est que très souvent le savoir génétique, spécialement dans sa portée de prédiction, apporte plus d'inquiétude et d'angoisse, et donc de souffrances, que de remède : ce serait un savoir psychologiquement et existentiellement destructeur. Cette conclusion renvoie à un arrière-plan de présuppositions et de croyances beaucoup plus vagues, philosophiques et religieuses, comprenant :

– la confiance dans une providence divine ou naturelle, sensée mais aussi insondable

– l'acceptation de la destinée, de ses bonheurs et de ses malheurs

– le sentiment d'impuissance face au destin

– la croyance au caractère positif de ce fatalisme qui respecte la transcendance du surhumain et la finitude de l'humain

– l'illégitimité du savoir prétendant prédire le destin

1. Trois exemples parmi une foule impressionnante (et inquiétante) d'attestations : l'ouvrage de Chawick (R.) Levitt (M.) et Shickle (D.), *The right to know ant the right not to know*, Aldershot, 1997 ; l'Avis n°46 (1995) du Comité Consultatif français comporte une section intitulée « Droit de savoir et de ne pas savoir » ; enfin, la récente *Convention sur les Droits de l'Homme et la Biomédecine* du Conseil de l'Europe (1997) y insiste tout à fait explicitement dans plusieurs passages du Rapport explicatif qui l'accompagne.

– l'illégitimité de la volonté d'infléchir le destin

– la dénonciation de l'obsession de contrôle, de maîtrise et de prédiction de la modernité technoscientifique incapable d'accepter encore l'inattendu et l'altérité et de reconnaître ses propres limites.

L'attitude morale qui accompagne ces convictions et qui se livre volontiers comme la seule attitude authentiquement éthique en s'opposant à l'attitude technicienne a pour règle : « Se changer plutôt que changer le monde ». « Devant les imperfections et les accidents fâcheux de la nature ou de la société, la réaction morale consiste à recourir à du sacrifice, à des concessions, à des renoncements ou changements de fin (...) s'armer de courage, de patience, de résignation », écrivait Jean Dupréel[1], avant de rappeler que Descartes prônait aussi cette maxime stoïcienne : « Tâcher toujours plutôt à me vaincre que la fortune »[2]. Cette attitude morale – qui est une très ancienne technique symbolique inventée par les hommes les aidant à supporter les terribles aléas de leur condition – est expressive d'une situation de très grande impuissance technique opératoire face aux forces physiques, une situation qui n'a, à vrai dire, sensiblement changé que depuis peu de décennies pour une fraction de l'humanité. Mais ces changements, dus au développement des technosciences biomédicales notamment, font que l'attitude morale traditionnelle est de moins en moins appropriée. Elle est devenue en partie anachronique.

Une argumentation plus moderne en faveur du DNPS consiste à tirer parti de l'apparente symétrie avec le droit de savoir en invoquant l'autonomie du sujet. L'éthique voudrait que celui-ci puisse librement choisir entre le savoir et le non-savoir en vertu du principe d'autonomie. Cet argument contient un sophisme et doit être dénoncé[3]. La valeur kantienne de l'autonomie du sujet postule et protège le droit de savoir et encourage le devoir de savoir parce que l'autonomie du sujet n'est possible et ne s'accroît qu'avec la connaissance venant éclairer la volonté et la liberté. Prétendre défendre un DNPS et valoriser le non-savoir fataliste en se réclamant du principe de l'autonomie du sujet constituent une contradiction et un contre-sens, un usage abusif et proprement absurde de la notion d'autonomie. Le non-savoir et le culte de celui-ci ne peuvent être que destructeurs de l'autonomie du sujet. Seuls le droit et le devoir de

1. *Deux essais sur le progrès*, Bruxelles, Lamertin, 1928, p. 65.

2. *Discours de la méthode*, Troisième partie.

3. Lire à ce propos l'analyse critique de Rosamond Rhodes « Genetic links, family ties and social bonds. Rights and responsibilities in the face of genetic knowledge », in *The Journal of Medicine and Philosophy*, February 1998, vol. 23, n°1.

savoir s'articulent positivement au principe d'autonomie, car le pouvoir d'autodétermination doit être exercé en connaissance de cause, c'est-à-dire sur base de toutes les informations pertinentes disponibles, susceptibles d'augmenter la capacité de choix du sujet. Ne pas vouloir savoir mine la capacité d'autonomie réelle de l'individu et conduit à s'abandonner à l'hétéronomie du hasard ou de la volonté et du savoir d'autrui. Le sophisme que nous dénonçons ici est apparenté à celui que l'on produit, dans un tout autre contexte, lorsqu'on cherche à défendre à partir de la démocratie la légitimité de l'élection d'un gouvernement anti-démocratique, fasciste ou totalitaire, ou lorsque, plus stupidement encore, on prétend que la tolérance doit tolérer le règne de l'intolérance.

Lorsque Kant, le philosophe de l'autonomie de la raison et de la volonté, résume en une phrase l'idéal des Lumières et du progrès, il dit : « Sapere aude »[1]. « Ose savoir », ose utiliser ta raison pour juger en connaissance de cause aussi librement que possible. C'est dans cette tradition résolument moderne que nous voulons inscrire et évaluer les connaissances nouvelles apportées par la génétique.

A cette fin, il faut impérativement opérer d'abord une évaluation correcte de la portée et des limites actuelles du savoir génétique, ainsi que nous l'avons longuement souligné au début, en insistant sur la prudence et l'importance du conseil génétique seul apte à accompagner et à éclairer le profane. Ces précautions capitales étant prises, il y a un devoir moral de savoir, de tirer les conséquences de ce savoir et d'assumer les responsabilités en fonction. Nous disons bien devoir *moral* ; nous ne disons pas que ce devoir et les responsabilités qui en découlent doivent être sanctionnés par la loi. Nous disons que le discours bioéthique, en tant que normatif, devrait aller dans le sens de l'éducation à ce devoir et à cette morale de la responsabilité, et non dans le sens de la valorisation du non-savoir, de l'obscurantisme, du fatalisme et de l'irresponsabilité. Même en ce qui concerne les cas et les aspects volontiers accentués par les partisans du DNPS, il nous semble qu'il y a un bon sens éthique à valoriser la connaissance. Prenons l'exemple de la maladie de Huntington prédictible dès la naissance mais non traitable. Le fait de se savoir porteur apporte d'abord une assurance d'être immédiatement alerté si un remède ou un moyen de prévention étaient mis au point. Ce même savoir permet aussi de prendre en conscience des décisions importantes pour soi-même et en fonction de sa famille à mesure que l'échéance se fait plus proche ; il permet déjà de prendre des dispositions pour éviter que sa propre descendance ne

1. Cf. *Was ist Aufklärung ?*

soit atteinte grâce, par exemple, au diagnostic prénatal ou pré-implantatoire. Dans le cas des maladies multifactorielles pour lesquelles la condition génétique constitue un facteur de risque difficile à évaluer et tributaire de l'interaction de nombreux autres facteurs dépendants ou indépendants du sujet, la connaissance du facteur de risque génétique constitue une incitation éthique à prendre les mesures préventives dépendantes de la volonté du sujet. Mais nous touchons ici à un vaste et très vieux problème de la philosophie morale que le développement du savoir biomédical ne fait que réactualiser et décupler. C'est le problème du passage de la connaissance à l'action, le problème de la faiblesse de la volonté. Il ne suffit pas de savoir pour vouloir et pouvoir. Le paradigme le plus populaire du problème est la cigarette, source avérée de cancers. C'est aussi le problème de la liberté individuelle et du droit de l'individu de persévérer dans des comportements très probablement nuisibles à terme pour lui-même, mais qui lui apportent des satisfactions immédiates. Les motivations peuvent donc être multiples qui conduisent un individu à préférer le non-savoir, dans la mesure notamment où il prévoit qu'il ne tirera pas les conséquences pratiques du savoir dont il pourrait disposer. Le prix de la liberté individuelle est sans doute tel qu'il y a des raisons éthiques d'accepter ce genre de choix, dans la mesure où personne d'autre que l'intéressé n'est lésé. Mais lorsqu'on considère les situations concrètes, à la fois locales (l'entourage immédiat de l'individu) et globales (la communauté, la société dont l'individu fait partie), il n'est pas sûr qu'il existe beaucoup de cas dans lesquels l'irresponsabilité individuelle est totalement dépourvue de conséquences négatives pour les autres. Telle est aussi la conclusion de l'excellente analyse critique de Rosamond Rhodes : « The clearest conclusion is that no one has a moral right to genetic ignorance »[1].

C'est pourquoi nous sommes résolument partisans de l'éthique du savoir et de la responsabilité. Cette éthique comporte :

– la confiance dans la capacité humaine individuelle et collective de prendre en charge et d'améliorer la condition héritée de la nature et de la tradition

– le scepticisme à l'égard de toute forme de providence

– la conviction que la maîtrise préventive de tous les malheurs prévisibles laissera encore bien trop de place à des hasards malheureux imprévus et irrémédiables, et que le prométhéisme de l'aventure humaine apportera

1. *O.c.*, p. 25.

toujours assez d'inattendu et d'altérité, quand bien même de très nombreux aspects dangereux de la nature et de la société seraient sous contrôle.

Discriminations et solidarités

Lorsqu'on lança, au début des années 90, le Projet Génome Humain, beaucoup s'insurgèrent contre les risques de discrimination véhiculés par l'entreprise, allant jusqu'à refuser l'usage de fonds publics pour développer une « science des inégalités »[1]. Il est clair que le savoir génétique manifestera les différences mais aussi les inégalités génétiques des individus, ne fût-ce que dans le domaine de la santé prévisible. Ces différences et inégalités justifieront des regroupements des individus diversement à risque et entraîneront des différences de traitement objectivement fondées, mais aussi des discriminations inacceptables du point de vue de l'éthique. Le plus souvent c'est en réponse à ces dangers sociaux véhiculés par le développement du savoir génétique que l'on réaffirme la valeur et l'impératif de la solidarité. Nous y reviendrons. Mais nous voulons auparavant attirer l'attention sur l'importance de la notion de solidarité dans un sens plus immédiatement et positivement lié au développement du savoir génétique. La portée ou les effets de solidarisation de ce savoir ne sont en général pas assez soulignés dans la littérature en dépit de leur énorme importance. Nous avons déjà rencontré cet aspect à propos de la portée transindividuelle des connaissances génétiques relatives à une personne particulière. Le savoir génétique rapproche, apparente, unifie les individus autant qu'il permet de les distinguer. Il manifeste la grande solidarité génétique de la famille, synchroniquement et diachroniquement. Mais il invite à élargir cette notion de famille à l'ensemble de l'espèce humaine. Tous les hommes, compte tenu du polymorphisme génétique qui permet de repérer des familles plus restreintes (les groupes ethniques, par exemple), appartiennent à la même famille, puisqu'ils ont le même génome. La fonction de solidarisation de la génétique va même bien au-delà; elle est, en effet, fondamentalement transspécifique. Elle révèle l'extraordinaire proximité génétique des humains et des primates supérieurs, ainsi que les innombrables apparentements géniques des humains avec toutes les formes de vie terrestres, y compris les plus élémentaires. Cette solidarité synchronique et diachronique de la biosphère et de l'évolution invite aussi à élaborer une hiérarchie des vivants en fonction de leur plus ou moins grande solidarité génétique avec les humains. La

1. Cf. Macer D.R.J. (ed), *Bioethics for the people by the people*, Eubios Ethics Institute (New Zealand), 1994.

solidarité du vivant décrite par le savoir génétique est celle de l'information génétique moléculaire. Elle a une portée non seulement symbolique mais aussi technique-opératoire : elle est à la base des procédés de transgenèse qui transgressent les barrières des espèces et des règnes. On est très loin d'avoir assimilé au plan des morales et des mentalités la révolution du regard sur et du rapport au vivant, à la nature et à l'humanité elle-même, que la reconnaissance et la pratique des solidarités génétiques rendent possibles ou nécessaires.

Il nous paraissait donc important de commencer par expliciter et souligner l'importance de la notion de solidarité en génétique suivant cette acception qui relève davantage de la philosophie de la nature que de la philosophie sociale. Dans le cadre de cette dernière, le recours à l'idée-valeur de solidarité entend prévenir et empêcher les risques de discrimination dont le savoir génétique est porteur dans divers domaines, tels ceux de l'assurance, du financement, de l'emploi et de la sécurité sociale.

Nous voulons d'emblée exposer les bases de ce principe de solidarité en le rapportant à la civilisation technoscientifique dans le cadre de laquelle les connaissances et les techniques génétiques se développent.

Lorsqu'un test génétique manifeste chez un individu une pathologie ou une prédisposition pathologique, il est déjà victime d'un aléa qui lui porte préjudice et dont il n'est absolument pas responsable. Il n'a pas eu – ou moins que d'autres – de chance à la loterie génétique. Lui faire subir sur la base de cette première injustice, les effets préjudiciables de discriminations légitimées cette fois par la société, redoublant sa souffrance au lieu de la compenser, est absolument contraire à tout sens éthique. La seule démarche sociale éthiquement admissible doit aller dans le sens de la correction du malheur originel et de l'empêchement ou de la compensation de ses conséquences négatives. Cet impératif doit être celui de toute société dans la mesure où l'organisation sociale se substitue à la nature. Il doit être *a fortiori* au cœur de la société technoscientifique qui tend à intégrer et à maîtriser totalement la nature en y substituant une sorte de technocosme où tout dépend de calculs et de décisions, donc de responsabilités humaines. Si la société a quelque légitimité à se substituer à la nature, elle doit faire mieux que la nature, et elle doit faire d'autant mieux qu'elle la remplace, la contrôle et l'exploite plus complètement. Or, il y avait une sorte de générosité de la nature – d'où toute une série de métaphores maternelles dans les mythes et l'idée encore centrale dans l'économie physiocratique que seule la nature *donne*. La civilisation technoscientifique en se substituant à la nature et en développant la capacité technique de tirer de la nature infiniment plus de choses utiles à l'homme que la nature n'accordait spontanément, doit reprendre à son compte et *magnifier* l'antique générosité de la nature. Telle nous paraît être la seule légitimité éthique de cette civilisation alors qu'elle ne cesse d'accroître ses pouvoirs opératoires. Cette légitimité n'est pas honorée aujourd'hui, alors que pour des parties très importantes de l'humanité la générosité d'un technocosme très mal intégré, est loin d'égaler celle que des conditions de vie plus proches de la nature peuvent encore, mais de plus en plus difficilement, assurer.

La civilisation technoscientifique n'est pas là pour aggraver les souffrances et les injustices dues à la nature et à la tradition, mais pour les compenser dans la mesure de ses pouvoirs qui sont de plus en plus étendus. C'est à partir de ce principe qu'il faut aborder les questions suscitées par le développement des connaissances génétiques appliquées dans une série très importante de secteurs de la société.

Cette ligne de pensée est claire aussi longtemps qu'on réfère à la société ou à la civilisation technoscientifique comme s'il s'agissait d'un tout devant être animé par des intérêts universels et dont toutes les composantes fondamentales seraient d'intérêt public. Cette image correspond de moins en moins à la réalité à mesure que des secteurs de plus en plus nombreux et importants de la société sont privatisés et régis par des intérêts particuliers ainsi que par des contrats considérés comme librement consentis entre les parties contractantes. Cette évolution affecte aussi les secteurs intéressés par les connaissances prédictives de la génétique tels les assurances sur la santé et sur la vie, les financements sous forme de prêt remboursable sur le long terme, les entreprises conditionnant l'accès à la formation et à l'emploi [1]. Comment exiger de ces institutions privées poursuivant des intérêts particuliers et placées dans un contexte de libre concurrence qui menace leur survie de prendre en charge les exigences éthiques qui devraient être celles de la civilisation technoscientifique ? Mais comment aussi demander au secteur public, aux États, de compenser les injustices et les manquements à la solidarité que le secteur privé échoue à corriger et même accentue, alors que ces mêmes États et institutions d'intérêt public abandonnent de plus en plus de leurs prérogatives et de leurs moyens à ce secteur privé en pleine expansion ?

Le domaine de l'assurance sur la santé illustre particulièrement bien cette évolution et les problèmes qu'elle suscite. Publique, obligatoire et organisée par l'Etat, cette assurance était fondée sur la solidarité, la participation proportionnelle (en fonction des revenus) et la non différenciation des risques individuels (les « bons risques » paient pour les

1. Dans une littérature croissante sur ce sujet, on se rapportera par exemple aux articles récents très explicites de Falcão de Oliveira G.F. : « Juridical implications of genome knowledge », in *Law and the Human Genome Review*, 1997, n°6 et 7.

« mauvais »). Privée et libre, l'assurance devient contractuelle et individualisée, de telle sorte qu'il ne paraît plus équitable (certains parlent d'« équité actuariale »[1]) que les « bons risques » paient aussi cher que les « mauvais ». Dans cette perspective, le savoir prédictif offert par la génétique apparaît comme tout à fait pertinent et devrait permettre de moduler les primes suivant la condition génétique individuelle. Du point de vue des « génétiquement bien nés »[2], cette approche peut être reçue comme juste, dans la mesure où l'individu, n'étant pas nécessairement altruiste, ne voit pas pourquoi il paierait pour les autres. Mais d'un point de vue éthique, indépendant de la considération de l'intérêt de tel individu particulier, cette disposition est radicalement injuste, puisqu'elle conduit à redoubler un malheur – non une « faute » – originel : la société ajoute à la souffrance naturelle une souffrance instituée. Et le mal n'est que médiocrement compensé par la co-existence d'une assurance publique sur la santé à côté des assurances privées. En effet, les assurances publiques comportent des limitations importantes et les assurances sur la vie qui conditionnent de nombreux accès à des financements (prêts) lourds sont privées.

Concernant le savoir génétique, il existe une demande faible et une demande forte. La première est dans la ligne des pratiques courantes qui obligent le candidat à l'assurance à communiquer avant la signature du contrat toutes les données médicales pertinentes en sa possession. La seconde voudrait imposer un diagnostic génétique, systématique ou du moins pour les individus à risque, comme condition préalable à l'octroi de l'assurance.

En cette matière comme en toutes celles concernées par le savoir génétique prédictif, l'évaluation correcte de l'apport de ce savoir lorsqu'il s'applique à des individus particuliers est tout à fait déterminante. Cette question suscite des inquiétudes d'autant plus grandes que les données génétiques sont évaluées et utilisées loin de tout conseil génétique, par des non-médecins (des financiers, des économistes, des administrateurs, des entrepreneurs, etc.), et à des fins non médicales. Plaçons-nous toutefois dans l'hypothèse où l'évaluation des connaissances génétiques appliquées est bien maîtrisée par les assureurs. Comment justifient-ils leur demande ?

Par la référence aux règles existantes : le savoir génétique étant un savoir médical comme les autres, il doit être communiqué et utilisé dans

1. « Actuarial fairness », Murray T.H. « Genetics and the moral mission of health insurance », in *Hastings Center Report*, nov-dec. 92, vol. 22, n°6.

2. Il est probable à mesure que les connaissances et les analyses génétiques s'affineront que le nombre de « génétiquement bien nés » comportant un risque génétique proche de zéro s'amenuisera (tel est l'avis de P. Berg, *Nature*, 4 Apr. 96).

un secteur qui a toujours fondé ses pratiques et son existence sur la base de connaissances incertaines pour garantir contre des risques (c'est-à-dire des événements incertains).

Par la crainte aussi que ne se développent des asymétries du savoir accessible qui conduiraient à la faillite les assureurs moins bien informés. Cette asymétrie menace sur deux fronts. Premièrement, entre les assureurs et les assurés; c'est ce que les Anglo-saxons appellent l'« adverse selection », qui conduirait les individus se sachant à haut risque à souscrire des assurances importantes sans avertir l'assureur. En deuxième lieu, entre les assureurs eux-mêmes : il est évident que la compagnie disposant d'informations supplémentaires est mieux armée pour gérer les risques que ses concurrents. Mais il y a plus : des compagnies pourraient utiliser le diagnostic génétique pour proposer à ceux qui s'y soumettraient et qui présenteraient des résultats négatifs des primes sensiblement réduites, ce qui serait tout gain à la fois pour les individus en bonne santé et pour la compagnie qui les attirerait. Mais cela conduirait évidemment à chasser ces individus à risque très faible des compagnies qui ne feraient pas usage des tests génétiques et qui continueraient de répartir le poids des risques d'une manière plus homogène entre tous leurs affiliés, poids de plus en plus lourd puisque les individus à faible risque iraient ailleurs. Comme on le voit, il existe plusieurs manières de présenter le diagnostic génétique qui ne manqueront pas d'attrait pour de nombreuses personnes dans des conditions qui leur sont favorables. A noter que cette approche *n'impose pas* le test : elle encourage à s'y soumettre ou plus banalement encore à communiquer les résultats d'un test négatif déjà passé. Mais l'obligation demeure de communiquer également les résultats lorsqu'ils se révèlent positifs de telle sorte que le candidat à l'assurance ignorant sa condition génétique va être pris dans des contextes de plus plus compliqués à mesure que le diagnostic génétique sera plus nuancé et fiable et que l'offre d'assurances se diversifiera.

Le problème se complique encore du fait que le savoir génétique est transindividuel : en communiquant son propre diagnostic un individu donne des indications importantes concernant les risques dans sa famille. Mais il serait dommage que les difficultés soulevées tendent à décourager la connaissance génétique de soi, car cette connaissance gagne en importance pratique vitale à mesure que la génétique et la médecine en général progressent et améliorent non seulement le diagnostic et la prédiction mais aussi les démarches préventives et thérapeutiques.

Le problème des assurances comme celui de l'embauche (test génétique pour les candidats à un emploi) est en fait indissociable de l'évolution de l'ensemble de la société technoscientifique. Un savoir et un pouvoir accrus, comme ceux que la génétique apporte, ne sont pas une mauvaise chose, au contraire. Il ne faut donc pas les repousser ou les dévaloriser en raison des problèmes – injustices, inégalités – qu'ils suscitent ou pourraient susciter à cause de l'inadéquation des institutions, de la culture, de la morale – en un mot : des symbolisations – régnantes dans les sociétés au sein desquelles ce savoir et ce pouvoir se développent. Le savoir et la liberté sont une bonne chose ; mais ils cessent de l'être dès lors qu'ils se développent au détriment des plus vulnérables et au bénéfice trop exclusif d'intérêts particuliers dominants. Il faut donc inventer les règles d'une société où le savoir puisse croître et circuler, la liberté s'épanouir *et* la souffrance diminuer[1].

Appropriation de l'information et du savoir génétiques

Depuis quelques mois une affaire importante au carrefour de la bio-éthique, de l'info-éthique, de la bio-politique et de l'info-politique a été débattue dans les journaux scientifiques. Il s'agit de l'autorisation accordée par le Parlement islandais à une entreprise bio-médicale transnationale DeCode Genetics de s'approprier toutes les connaissances génétiques relatives à la population islandaise. Celle-ci est particulièrement intéressante parce qu'on dispose d'archives généalogiques très anciennes et très étendues et parce qu'il s'agit d'une population insulaire génétiquement fort homogène, car largement endogamique. Cette situation doit faciliter l'analyse génétique et le développement de méthodes diagnostiques et thérapeutiques. Il est prévu que l'Etat islandais permettra l'exploitation des données génétiques importantes rassemblées et chaque citoyen sera considéré comme consentant à moins d'avoir fait acter son opposition expresse. DeCode procédera à des tests complémentaires et assurera la

1. Il existe deux voies très générales pour cela. Soit la voie moderne traditionnelle : c'est l'Etat qui vient compenser les injustices, inégalités et souffrances que les divers acteurs économiques, culturels, financiers, médicaux, etc. *privés* ne compensent pas, voire aggravent. Soit les acteurs privés prennent en charge eux-mêmes les exigences éthiques dans leur secteur. Une timide évolution semble s'opérer dans cette dernière direction avec l'introduction de préoccupations éthiques dans la gestion des entreprises. Mais il n'est pas sûr que cette évolution positive puisse assez rapidement équilibrer l'évolution inverse du secteur public dont la capacité de prise en charge de la misère humaine n'a cessé de diminuer. La volonté et la capacité du privé à appliquer la notion-valeur de solidarité au-delà de ses intérêts particuliers sont tout le contraire d'évidentes. Enfin, il faut mentionner une troisième voie, marginale du point de vue de l'importance économique et financière, mais significative peut-être de la transition en cours : l'aide apportée par les ONG (organisations non gouvernementales), entre le secteur public et le secteur privé.

saisie informatique de toutes les données. La firme jouira d'un monopole pour une douzaine d'années et pourra exploiter aussi commercialement en les brevetant les nouveaux produits et méthodes que son activité R&D générera. Les intérêts de la population islandaise seront rencontrés en termes de création d'emplois de haut niveau, de retombées médicales et d'accès privilégié – partiellement gratuit – à celles-ci.

Le cas islandais est particulièrement frappant parce qu'il s'agit d'une nation occidentale, culturellement proche en dépit de son excentricité géographique. Mais des questions identiques, peut-être plus préoccupantes encore du point de vue éthique parce que moins visibles et moins contrôlables, se posent à propos de la chasse aux gènes rares parmi des ethnies restées relativement isolées dans les pays en développement. C'est en partie en réaction à ces pratiques et à ces risques que le Comité International de Bioéthique de l'UNESCO a conçu sa *Déclaration Universelle sur le Génome humain et les Droits de l'homme* (1997) proclamant le génome humain « patrimoine de l'humanité », donc inappropriable par des individus ou des groupes poursuivant des intérêts particuliers de domination et de profit.

Au cœur de la question de la propriété de l'information et du savoir génétiques se trouve depuis vingt ans le problème de la brevetabilité de l'information génétique, le brevet étant la clé de la rentabilisation des investissements R&D considérables consentis par les firmes travaillant dans le domaine de la génétique. L'histoire déjà ancienne de cette problématique est américaine avec d'une part le jugement Chakrabarty autorisant en 1980 le brevet sur une bactérie génétiquement modifiée et le jugement Moore en 1988 rejetant la demande de l'intéressé de percevoir une part des profits de la commercialisation de produits obtenus à partir de cellules aux propriétés spéciales prélévées sur lui-même, à son insu, au cours d'un traitement médical. L'histoire récente est européenne : c'est principalement celle de la mise au point et de l'acceptation par les États membres d'une Directive unifiant le droit européen dans le domaine de la protection des inventions biotechnologiques impliquant aussi des séquences géniques humaines. En discussion depuis le début des années 90, cette Directive n'a finalement été adoptée qu'en été 1998 [1], tout en continuant de faire l'objet de fortes oppositions encore aujourd'hui. Au centre du débat, trois problèmes :

– la légitimité de l'appropriation par brevet d'une « partie du corps humain »

1. Directive 98/44/CE sur la protection juridique des inventions biotechnologiques.

– la distinction entre invention et découverte
– le consentement des personnes sources.

Nous reviendrons sur le problème du consentement ci-dessous à propos des biobanques.

Le nœud des deux premiers problèmes tient au fait que le brevet est accordé non seulement sur un produit ou sur un procédé mis au point à partir de l'information génétique constituée par une séquence génique et à partir de la connaissance de cette information, mais sur cette information même c'est-à-dire sur une séquence génique dont on connaît la fonction codante et pour laquelle on prévoit des applications industrielles (médicaments).

Les opposants affirment que ce faisant on brevète non seulement une partie du corps humain (à savoir la séquence génique), mais encore une découverte et non une invention, puisque le brevet porte sur une information qui se trouve dans la nature et dont on a obtenu la connaissance.

Les partisans du brevet affirment que le brevet porte bien sur un objet (et non sur une connaissance) – une séquence génique, une information moléculaire – et que cet objet ne se trouve pas comme tel dans la nature (ni dans le corps humain dont il n'est donc pas une partie), puisque la séquence brevetée a été isolée, clonée, purifiée, bref produite et traitée. Elle n'est donc pas une découverte mais un artefact, une invention.

Derrière la dialectique épistémologique subtile qui anime ce débat se dissimulent des enjeux économiques importants et l'intérêt de certaines multinationales à protéger leurs découvertes-inventions, fruits précoces de leurs investissements en R&D, le plus en amont et le plus largement possible, ce que permet évidemment le brevet sur l'information génétique. Ce brevet assure un monopole de vingt ans pour l'exploitation de cette information qui est, bien entendu, aussi source de la connaissance génétique déjà disponible ou encore à venir.

On voit très concrètement à l'œuvre dans cette problématique la distinction que nous avons faite, au début de la présente étude, entre l'information génétique d'une part et la connaissance ou le savoir de cette information d'autre part. Dans les controverses relatives au brevet, l'ambiguïté de la notion d'information est sans cesse subtilement sollicitée.

De plus en plus étroitement associées à la RDTS (Recherche et Développement TechnoScientifiques) et aux intérêts économiques qui s'y rapportent, les bio-banques (banques d'organes, de tissus, de cellules, de lignées cellulaires, d'ADN, ...) suscitent des questions éthiquement préoccupantes[1]. La problématique est très étendue, multiforme et encore peu connue du public. Il existe dans le monde des milliers de banques, de collections d'échantillons organiques humains, sous forme d'institutions (dépendantes d'un hôpital ou d'un laboratoire) privées ou publiques, établies en fonction d'objectifs divers, à but lucratif ou non, récentes ou vieilles de plusieurs décennies, riches de quelques milliers ou de plusieurs millions d'échantillons, anomymes ou nominatifs... Avec les développements de la biologie moléculaire et de la bio-ingéniérie les utilisations possibles de ces collections se sont extraordinairement multipliées et ne cessent de s'enrichir. La plupart de ces usages étaient simplement inimaginables au moment où les plus vieilles de ces collections ont été créées. Mais même des collections récentes établies en fonction de la demande actuelle des technosciences biomédicales et de la société pourraient être exploitées à des fins tout à fait inattendues d'ici quelques années suivant l'évolution des technosciences et des attentes sociales. La source principale des biobanques a consisté jusqu'à présent dans la collecte de « résidus » ou « déchets » chirurgicaux ou de biopsies, c'est-à-dire la conservation de choses abandonnées car jugées sans intérêt. Mais entre ce que l'on pouvait faire il y a trente ans voire même dix ans avec ces résidus et ce que l'on peut en faire aujourd'hui et ce que l'on pourra en faire dans dix ans, la distance est immense et imprévisible. La conséquence de cette évolution incessante est que le consentement exprimé par le donneur lors du prélèvement de quelques cellules ou d'un ensemble plus important de tissus dont une partie ou la totalité sera mise en banque, est plus proche d'un blanc-seing que d'un accord informé. La plupart du temps d'ailleurs le consentement est présumé, comme pour le don d'organes, alors que la situation est tout à fait différente, car la destination des tissus est infiniment moins univoquement déterminée que celle d'organes pour la transplantation[2]. On mesure aisément le nombre de données personnelles et familiales que la moindre parcelle de tissu permet de déceler grâce à l'application de l'analyse génétique; on mesure plus difficilement les usages et les exploitations potentiels. La saisie électronique informatisée des données et

1. Voir le récent Avis du Groupe des Conseillers pour l'Ethique de la Science et des Nouvelles Technologies de l'Union Européenne « sur les banques de tissus humains » (juillet 98). Sur la problématique générale des bio-banques, lire l'intéressant recueil de Sorsa M. et Eyfjöro J. (eds), *Human Biobanks. Ethical and social issues*, Ed. Nordic Council, Copenhague, 1997.

2. A noter qu'en général les législations relatives aux dons d'organes s'appliquent aussi aux tissus, or quasiment tous les tissus d'un cadavre présentent quelque intérêt potentiel thérapeutique, de recherche ou industriel.

le rapprochement de divers fichiers où un même individu figure (c'est l'un des aspects préoccupants de l'expérience islandaise) suscite des inquiétudes quant au respect de la vie privée et quant à l'accès des individus aux données qui les concernent.

Sans aller jusqu'à l'exigence de consentements spécifiques, ou de destruction des collections constituées depuis longtemps sans aucun consentement, ou jusqu'à la thèse selon laquelle un individu ne se désaisit jamais d'une partie de son corps, si infime fût-elle, et pourrait donc faire valoir à tout moment sur elle un droit de propriété, il est clair que le secteur des biobanques, à la croisée de la bio- et de l'info-éthiques, nécessite une réglementation internationale, précise, capable de faire la part des intérêts des individus (information, confidentialité, vie privée), de la recherche biomédicale et des industries qui mettent au point de nouvelles méthodes diagnostiques et thérapeutiques.

En conclusion, l'information génétique et le savoir génétique qui la transcrit et la représente symboliquement, la rendant ainsi passible de multiples usages sociaux, sont au centre de dynamiques d'appropriation diverses et souvent opposées. Les principaux acteurs intéressés de cette lutte multiforme sont : les individus, les familles, les groupes ethniques, les entreprises, les États et l'Humanité[1].

1. Voici en annexe une liste non exhaustive de textes internationaux importants à portée juridique touchant à la problématique de l'information et du savoir génétiques :

De l'Union Européenne :

– Directive 95/46/CE du 24-10-95 sur « la protection des personnes physiques à l'égard du traitement des données à caractère personnel et à la libre circulation de ces données ».

– Directive 98/44/CE du 6-7-98 sur « la protection juridique des inventions biotechnologiques ».

– Avis du Groupe des Conseillers pour l'éthique de la biotechnologie sur « les aspects éthiques du diagnostic prénatal » (février 1996) et sur « les banques de tissus humains » (juillet 98).

Du Conseil de l'Europe :

– Convention européenne sur la protection des données (1981).

– Recommandation R(90)13 du 21-6-90 sur « le dépistage et le diagnostic génétiques anténatals et le conseil génétique associé ».

– Recommandation R(92)3 du 10-2-92 sur « les tests et le dépistage génétiques à des fins médicales ».

– Recommandation R(97)5 du 13-2-97 sur « la protection des données médicales ».

– Convention européenne sur les Droits de l'Homme et la Biomédecine (1997).

De l'UNESCO :

– Déclaration universelle sur le génome humain et les Droits de l'Homme (1997).

Voir aussi les *Proceedings* du Symposium européen de Vienne (octobre 1998) : *Genetic testing in Europe : Harmonisation of standards and regulations* édité par H. Karlic et A. Horak (Boltzmann Institute for Leukemia Research et Directorate IV de la Chancellerie Fédérale d'Autriche).

Sixième processus : La modernité

DROITS DE L'HOMME ET TECHNOSCIENCE L'UNIVERSEL MODERNE EN DISCUSSION

Une différence capitale entre la Déclaration de 1789 et celle de 1948 est que la première se présente encore comme fondée dans des référés transcendants, non dépendants de la volonté et de l'entente des hommes : l'*Être Suprême* ou la *Nature humaine* au sens du Droit Naturel (dont l'histoire coïncide largement avec la préhistoire des Droits de l'Homme contemporains). Il y a, encore, dans la Déclaration française une fondation métaphysique, quasi théologique. En revanche, l'étude des discussions ayant abouti, en 1948, au texte de la nouvelle Déclaration montre que les concepteurs du texte (représentants du « monde libre ») ont volontairement et consciemment renoncé à ce genre de référence fondatrice. En effet, croyants de religions diverses, agnostiques, athées, spiritualistes ou matérialistes pouvaient arriver à un consensus concernant une série de droits à garantir universellement, mais il ne leur était pas possible de s'entendre sur les raisons ultimes (les fondements) de cet accord [1].

Ce non-fondationalisme présente des aspects et des conséquences directement liés aux deux autres points que je veux développer : le postmodernisme et la bioéthique. En effet :

1. Jacques Maritain, membre de la Commission chargée de constituer la liste des Droits, a parfaitement résumé la situation en déclarant : « Oui, nous nous accordons sur les droits, mais à condition que personne ne nous demande pourquoi » (cité par M.A. Glendon, « Knowing the Universal Declaration of Human Rights », in *Notre Dame Law Journal*, mai 1998).

– Il confirme l'esprit de privatisation, d'individualisation ou de communautarisation des croyances et positions en matière de philosophie, de religion et de morale.

– Il permet une convergence avec le non-fondationalisme de la recherche scientifique : la science moderne n'a pu se développer qu'en se libérant progressivement des limitations métaphysiques et théologiques.

Mais en même temps :

– Il ouvre la porte à la précarisation potentielle des droits : de « naturels », ceux-ci deviennent en quelque sorte « positifs » (tout en prétendant primer toute législation positive qui ne les respecterait pas) ; ils sont dépendants de la « bonne » volonté et de la vigilance des hommes. Ils pourraient donc éventuellement aussi être non seulement transgressés ou ignorés, mais *soupçonnés, contestés, critiqués et dénoncés* par des hommes qui affirmeraient que l'universalité des Droits de l'Homme n'est que l'idéologie particulière d'une fraction de l'humanité (l'Occident).

– Ce même non-fondationalisme rend également possible une précarisation potentielle des sujets physiques des droits : les vivants humains, puisqu'il n'y a plus de « nature » ou d'« essence » intangible de l'humanité et que les hommes développent, par les sciences et les techniques, des possibilités illimitées de manipulation.

Nous reviendrons sur ces questions. On pourrait les résumer en disant ceci : traditionnellement, le consensus entre les humains (et donc l'entente sur ce qu'il y a lieu de faire ou de ne pas faire) était censé s'enraciner dans une nature humaine donnée et immuable, limitant *a priori* la liberté ; l'anti-fondationalisme tend à affirmer que ce que l'on désigne comme « nature humaine » dépend au contraire de la définition que les hommes s'accorderont, en principe librement, à en donner. Et rien ne vient garantir qu'ils pourront toujours s'accorder sur cette question [1].

1. En réalité, les hommes ne se sont jamais entendus à cet égard, mais chaque conception revendiquait une Vérité indépendante de la subjectivité humaine et alimentait ainsi la guerre des absolus. Aujourd'hui, une large tolérance mutuelle est devenue possible de sorte que la diversité philosophique et religieuse peut être vécue pacifiquement comme une richesse de l'humanité.

La critique postmoderne

Le postmoderne prétend rompre avec les représentations, les valeurs et les idéaux modernes, plus particulièrement avec la prétention de la modernité à une universalité exclusive.

La *pensée universaliste* reconnaît seulement d'une part, des *individus* et d'autre part, l'*humanité*. Elle ne considère guère les collectivités, les communautés particulières, sauf celle qui est porteuse de l'idée universaliste (la Raison), identifiée à la tradition occidentale (France, Angleterre, Allemagne, USA...). En éthique, Kant a le plus explicitement élaboré cet idéal selon lequel la loi morale que l'individu doit suivre coïncide avec la loi éthique universelle, valable pour toute l'humanité.

J.-F. Lyotard, à l'origine française du postmoderne, écrit : « On tient pour "postmoderne", l'incrédulité à l'égard des métarécits » (*La condition postmoderne*[1]). Or, quel est le méta-récit ou « grand récit » de la modernité ? C'est celui du *progrès de l'humanité*, assuré grâce aux valeurs, idéaux et outils modernes. Ce méta-récit s'adresse à toute l'humanité, à tous les peuples : il raconte leur destin futur et il dit ce qu'ils doivent faire. Une fonction importante du méta-récit est de *légitimation*. La justification ultime d'une politique « moderne » consistera donc à la raccrocher à l'histoire du progrès de l'humanité. La crise de la modernité est ainsi la crise d'un certain type de légitimation et d'une certaine histoire.

Parmi les moyens du progrès, un rôle majeur est dévolu à l'*éducation* (le savoir, la culture) et au *développement des sciences et des techniques*. L'*Encyclopédie* des Lumières a exemplairement illustré ces aspects.

Le *progrès scientifique et technique* apparaît comme le moteur du progrès moderne en général. En effet :

– il *libère* par rapport aux servitudes de la *nature*, puisqu'il plie celle-ci au service de l'humanité. Tel est l'apport du progrès technique ;

– il *libère* par rapport aux particularismes irrationnels des *communautés*, traditions, religions, voire nations : les lois scientifiques sont valables universellement, elles ne dépendent pas des croyances particulières à une vision du monde. Tel est l'apport du progrès scientifique.

La « *communauté* des savants » est donc privilégiée : elle est un modèle pour le reste de l'humanité, car elle réussit à résoudre les problèmes d'une manière efficace, pacifique et universellement acceptée. L'éducation et la culture technoscientifiques devraient permettre à tous les êtres humains de participer à cette communauté universelle idéale.

1. Paris, Minuit, 1979.

Au cœur de la modernité, il y a cette utopie-là qui assure la cohésion symbolique, la solidarité du monde et du devenir modernes.

La *crise de la modernité*, que le postmodernisme exprime, consiste à dire :

– soit que la modernité n'a pas tenu ses promesses parce qu'elle a trahi son propre idéal,

– soit que la modernité était un idéal faux : son universalisme n'exprimant que la volonté de puissance d'une tradition, d'une culture particulière : l'occidentale.

La preuve de la faillite de l'idée moderne serait éclatante dans les tragédies du XXe siècle : colonialisme et décolonisation, association des sciences et des techniques – de la technoscience – au capitalisme d'exploitation de la nature et des hommes, surarmement, désastres écologiques, guerres mondiales, etc.

« Auschwitz est le crime qui ouvre la postmodernité », écrit Lyotard (*Le postmoderne expliqué aux enfants* [1]).

Si le rationalisme et l'humanisme modernes ont pu conduire à ou seulement tolérer de telles catastrophes, il n'est plus possible de croire à l'histoire de la Modernité. Son méta-récit du progrès universel n'est qu'un (mauvais) récit, parmi les autres, une mise en scène particulière : celle des vainqueurs. On peut imaginer bien d'autres histoires, à partir d'autres cultures, d'autres situations et d'autres traditions, réprimées par le méta-récit occidental.

La disqualification postmoderne de tout méta-récit ou métalangage dominant et exclusif exprime aussi l'anti-fondamentalisme du postmodernisme. Aucun discours, aucune morale ne peuvent être privilégiés. La *faute* serait de vouloir réintroduire sous l'une ou l'autre forme un fondement et d'y subordonner les libertés individuelles. Le non-fondationalisme de la Déclaration Universelle des Droits de l'Homme de 1948 relève évidemment de cette tendance, *mais* elle exprime aussi comme un moment d'équilibre entre la volonté moderne d'universalité et le relativisme, la diversité postmoderniste. Un moment où, alors que l'intolérance et la violence absolues de la guerre sont encore patentes, la tolérance est bien comprise. « La tolérance, écrit Ioanna Kuçuradi [2], exige que soit permise la transmission de vues collectives et l'exercice de pratiques qui sont différentes de celles qui prévalent dans un lieu donné et qui n'entrent

1. Paris, Galilée, 1988.
2. « La tolérance et ses limites », in *Diogène*, n°176, 1996.

pas en conflit, directement ou indirectement, avec la connaissance et les droits de l'homme ».

La société postmoderne est multiple, mosaïque, *fragmentée*. Elle est, dit-on, « cosmopolite ». Cette identité symbolique multiple, complexe, s'affirme à trois niveaux :

– planétaire : globalement considérée, l'humanité est sous le signe du multiple, de la diversité des formes de vie et des cultures ;

– national : la société postmoderne est poly-ethnique, métissée, multi-communautaire, pluraliste ;

– individuel : l'individu postmoderne est lui-même complexe, héritier de plusieurs traditions, membre de diverses associations, ses croyances et ses engagements ont des sources multiples et ne forment pas nécessairement un tout logiquement organisé avec une cohérence stable et forte. Son identité symbolique est composite et aussi changeante. Donc, des valeurs morales relevant de traditions et de contextes divers coexistent chez lui, le plus souvent, sans problème, sollicitées selon les situations.

Cette diversité complexe du monde postmoderne n'est pas une juxtaposition étanche d'altérités qui ne communiqueraient pas.

La société postmoderne se place sous le signe du *change* et de l'*échange*. Elle est dans un devenir qui est celui de l'inlassable *métamorphose* et pas celui de la *quête* (de la vérité, du sens, du fondement, de l'absolu, de l'universel...). L'individu postmoderne change et échange. Il a besoin d'un monde aux richesses disponibles (culturelles, naturelles, techniques). Dans un tel monde, *deux opérateurs* de change et d'échange sont particulièrement importants : l'*argent* et la *technique*.

L'espace postmoderne est celui du bazar, du super-marché ou mieux du Grand Marché Libre Mondial. Dans cet espace, toutes les personnes étrangères peuvent interagir suivant la modalité de la négociation pacifique, en laissant jouer le goût individuel, librement... Cet espace est celui où s'exprime l'ingéniosité des individus : ingéniosité technique (production de biens de consommation attrayants) et ingéniosité verbale (la rhétorique de la persuasion et de la séduction). Procédures, contrats et conventions sont certes à respecter, mais seulement dans la mesure où ils ont leur origine dans la volonté libre ou le consentement des individus qui les concluent.

PRÉOCCUPATIONS À L'ÉGARD DU POSTMODERNE

Bien que la critique postmoderne de la modernité ne soit pas sans justifications, le postmoderne suscite questions et inquiétudes.

Une préoccupation majeure est : comment un tel monde tient-il encore ensemble? La postmodernité apparaît comme chaotique, instable, morcelée, insaisissable : cette situation est souvent vécue comme profondément angoissante, voire destructrice, nihiliste dans un sens exclusivement négatif.

Un danger apparaît alors sous la forme d'une volonté de réunification et de stabilisation par un recours à la *pré*-modernité : c'est la réaction du retour au fondamentalisme, sous les espèces, notamment, d'un sursaut ou d'un réarmement *moral*. A mon avis, *il n'y a pas de solution prémoderne viable aux problèmes de la postmodernité*. Ces régressions ne peuvent entraîner que des situations profondément conflictuelles et destructrices. Elles insistent cependant un peu partout à travers le monde. La diversité prémoderne de l'humanité avec des identités monolithiques fortes n'était possible que sur fond de guerres locales permanentes et, surtout, d'atomisation de l'humanité en une multiplicité de cultures qui *communiquaient peu ou pas du tout*.

Un autre danger consiste à abandonner la fonction de reliance aux *technostructures transnationales, internationales et planétaires*. Il n'y aurait plus du tout d'unité symbolique, aucun idéal commun, mais seulement une sorte de méta-niveau techno-économique de communication et de production globales auquel les individus et les collectivités participeraient suivant leurs désirs et surtout leurs moyens.

D'une part, un certain nombre d'individus cosmopolites profiteraient des réseaux cosmopolites, jouissant pleinement des richesses naturelles, culturelles et techniques de la postmodernité. D'autre part, et comme en dessous, grouillerait une humanité fragmentée, inégale, infralocale, exploitée et recevant, par exemple via la TV, des reflets du paradis cosmopolite. Cette image terrible correspond, en grande partie, à la réalité de notre monde.

Plus concrètement, ces problèmes gigantesques sont associés à la tendance postmoderne à réduire les contenus de l'espace public et à verser toujours plus dans les sphères privées, individuelles et communautaires. Ceci est une autre conséquence de la crise de l'idéal d'universalité moderne. R. Rorty a même proposé une privatisation de l'activité philosophique, car il se méfie des tentations totalitaires, englobantes de la pensée philosophique. L'accentuation des sphères privées concerne d'abord l'activité économique de productions de biens et de services. Elle concerne aussi la morale.

La question de la distinction entre public et privé, entre ce qu'il y a lieu de laisser à l'initiative individuelle et ce qu'il y a lieu de prendre en charge au plan public (national, international, mondial) est une question bioéthique, biopolitique et biojuridique essentielle. La solution par la privatisation hâtive, justifiée par le respect des autonomies, est dangereuse lorsqu'elle devient quasi automatique et qu'elle use d'un concept grossier et immoral de l'autonomie individuelle.

L'autonomie est une valeur moderne essentielle. Mais Kant la concevait comme à la fois personnelle *et* universelle; de plus, elle était un *idéal* jamais parfaitement réalisé sur Terre et à toujours promouvoir en soi et en autrui. Principe d'autonomie et principe de bienfaisance étaient ainsi étroitement associés.

Dans la société postmoderne, l'autonomie personnelle demeure capitale, car elle est la seule source d'autorité morale et de légitimation après le déclin des grands récits et mythes de la légitimation collective.

On sait que le respect de l'autonomie personnelle – sous la forme notamment du consentement libre et éclairé – est le principe numéro 1 de la bioéthique. Mais coupé de l'idéal universaliste, d'émancipation, d'éducation et d'égalité de la modernité, l'appel à l'autonomie et au respect de l'autonomie peut entraîner bien des abus. Il suffirait, par exemple, qu'une personne soit adulte pour être déclarée pleinement autonome, quelle que soit sa situation matérielle (dénuement) ou psychologique (analphabétisme, par exemple).

Devenu un concept juridique ou formel, le principe d'autonomie conduit alors à l'indifférence ou à l'individualisme égoïste, à l'exploitation, pourvu simplement qu'elle n'use pas de violence physique. Il conduit au triomphe du plus fort ou du plus habile.

Une partie considérable de la bioéthique libérale à tendance libertarienne risque de mener à des situations où l'on ne verrait plus d'objection à ce qu'au sein du grand marché mondial, un pauvre vende « librement » un rein à un riche. Le jeu de l'autonomie des personnes ne peut fonctionner éthiquement que dans une société dans laquelle les idéaux d'égalité et de justice sont déjà largement concrétisés.

Dans une société très imparfaite et inégalitaire, l'abandon à la sphère privée revient trop souvent à abandonner des personnes et des collectivités à l'ignorance, à l'indifférence et à l'égoïsme. Il aboutit à l'accroissement non de l'autonomie personnelle, mais bien de l'asservissement de la misère et de l'exploitation.

En conclusion, le principe d'autonomie n'est éthiquement viable que si l'autonomie est considérée comme toujours imparfaitement réalisée et comme toujours, donc, aussi à promouvoir. Un tel engagement moral exige de la prudence, de la bonne volonté et de la générosité. Il est aux antipodes d'une pratique purement formelle et technique du principe d'autonomie.

Mais il ne faut pas dissimuler qu'il y a aussi un danger à critiquer imprudemment le principe d'autonomie et à suggérer qu'il est indispensable de renouer avec l'interventionnisme, le dirigisme et le paternalisme. Pourquoi ? Parce que ceux-ci sont trop souvent conçus comme des buts ultimes et en eux-mêmes, et non comme des palliatifs pour le défaut de l'autonomie et de l'émancipation des personnes. On risque alors de renouer avec des éthiques et des politiques fondamentalistes qui prétendent faire le bien des autres malgré eux.

En somme, un monde postmoderne de la liberté individuelle n'est viable et moralement acceptable que s'il est vraiment *post-moderne*, c'est-à-dire construit sur la base de l'idéal de la modernité, au préalable réalisé, pour l'ensemble de l'humanité. Malheureusement, le postmodernisme a crû bien davantage sur les échecs de la modernité, se contentant de dénoncer les impostures de celle-ci. C'est ainsi que l'on dénonce abusivement la philosophie des Droits de l'Homme parce qu'elle serait seulement l'alibi de l'exploitation occidentale et un produit typique de sa volonté de conquête universelle.

C'est ainsi aussi que l'on critique ou désinvestit la RDTS.

Telle est la seconde préoccupation que nous développerons.

La science désinvestie et dénoncée

La science moderne a été fortement valorisée de la fin du XVIIIe siècle à la première moitié du XXe, car elle était la source de l'idéal et de la force pratique de la modernité : elle était comme le modèle opératoire de l'idéal d'universalité et de progrès.

Le postmodernisme se caractérise par une modification radicale de l'image de la science. Cette modification est en partie fondée, en partie abusive.

Concernant le changement réel : la science est devenue de plus en plus technicienne de sorte que l'on parle aujourd'hui de « technoscience ». Cette accentuation des aspects, non pas simplement de prédictivité, mais d'opérativité et de productivité, ont conduit à l'enchevêtrement de la science, de l'économie et du politique. L'image de la science s'est à ce point modifiée que l'on a pu dire que « faire de la science » est une autre manière de « faire de la politique ». J.F. Lyotard, après Marcuse, a particulièrement souligné les complicités du capitalisme et de la technoscience.

Mais il y a un autre changement dans la représentation de l'activité scientifique qui ne concerne plus ses complicités, mais sa *nature*. Il consiste à suggérer ou à affirmer que la science se pratique comme la littérature, qu'elle est un jeu de langage parmi les autres, une espèce de fiction symbolique, une perspective, une opinion, que les discussions scientifiques se tiennent et se concluent comme des débats politiques ou esthétiques. Bref, que la science, comme tout le reste, est affaire de rhétorique, de goût et de préférences subjectives plus ou moins partagées. Vattimo souligne « la nature essentiellement rhétorique de la science » (*La fin de la modernité*). Pour Rorty, il faut « penser l'ensemble de la culture, de la physique à la poésie, comme une activité une, continue et sans faille, dans laquelle les divisions sont seulement institutionnelles et pédagogiques » (*Objectivism, Relativism and Truth*).

Mais la tendance est vaste et diffuse. Elle est perceptible aussi dans certains textes de portée internationale émanant d'agences (ONU, UNESCO...) invitant à une relativisation trop forte des discours et représentations scientifiques parmi les autres productions symboliques et culturelles de l'humanité.

Une attitude éclairée comporte, selon nous, les positions suivantes :

– Maintenir qu'on ne fait pas de la science « comme de la littérature ». La science moderne participe d'une réaction (physique, efficace, opératoire) à la condition humaine, très différente des réponses purement symboliques (religieuses, magiques, philosophiques...).

– Dans les discussions, quand il s'agit de décrire des faits, des relations causales, des opérations physiquement efficaces, il revient aux scientifiques une place à part. A cet égard, leur information n'est pas une simple opinion parmi les autres. Cette information a une portée d'objectivité et d'universalité, qui n'est pas dépourvue d'effets symboliques (d'unification notamment), en sus de son effectivité opératoire.

– Dans les débats (éthiques, par exemple), il n'échoit aux scientifiques aucun privilège dès qu'il est question de valeurs, de devoirs ou d'interactions humaines, et non plus seulement de causes et d'effets qui relèvent d'interactions technophysiques.

– La reconnaissance, pour les critiquer le cas échéant, des innombrables et complexes relations nouées entre la Recherche et le Développement Techno-Scientifiques, l'économie et la politique. Examiner, par exemple, sous cet angle l'importance alléguée d'une recherche.

En conclusion, il ne faut *ni* nier la différence entre la réponse technoscientifique et la réponse symbolique à la condition humaine, *ni* croire que la première puisse se développer de façon aculturelle, purement et insulairement. C'est pourquoi le mythe, l'idéal, les valeurs, le Méta-Récit de la Modernité étaient si essentiels à la dynamique technoscientifique, car en consonance avec celle-ci.

QUELLE ÉTHIQUE DANS UN MONDE POSTMODERNE ?

Dans un monde postmoderne, où il n'existe plus de fondement éthique commun à partir d'où dériver les réponses pour les conflits moraux s'est développée l'*éthique procédurale de la discussion*. On entend par là :

– la résolution non violente des conflits de valeurs opposant des « étrangers moraux » ;

– le recours à la discussion, la négociation pacifique entre tous les intéressés (ou leurs représentants) ;

– la production d'accords, de consensus concernant des règles minimales qui permettront de poursuivre une certaine coopération et vie en commun ;

– la mise en place d'institutions, de procédures (par ex. les comités d'éthique) formalisant cette manière de résoudre les conflits ;

– la capacité de reconnaître aussi des dissensus, provisoirement irréductibles, en remettant aux individus et aux communautés privées certains aspects de la régulation de l'existence morale.

Ce dernier point nous paraît particulièrement important, car l'expérience nous a enseigné que l'éthique de la discussion doit s'astreindre, constamment et surtout au moment de la conclusion, à refuser les consensus forcés au même titre que les dissensus faciles. Les uns et les autres s'épargnent d'aller au fond des problèmes, le plus souvent pour de mauvaises raisons.

En marge de cette question du consensus et du dissensus, il faut signaler une distinction importante dans la manière de concevoir l'éthique de la discussion.

L'éthique de la discussion peut être pratiquée dans un *esprit radicalement postmoderne :* on postule alors qu'il n'y a pas de bons ou de mauvais accords ou consensus, mais seulement des accords de *fait* ; qu'il n'y a pas d'arguments plus ou moins rationnels, mais seulement des arguments qui portent ou non, etc. La perspective est rhétorique.

L'autre conception tente de préserver certains aspects de *l'idéal moderne*, en distinguant entre des arguments plus ou moins rationnels, des conclusions plus ou moins universelles et équitables, etc. Elle comporte aussi des risques d'abus : l'autorité du rationnel. Mais la rationalité ne doit pas être imposée de l'extérieur ou par certaines personnes. Elle doit surgir librement de l'association autour de la table du maximum d'intéressés (pluralisme maximal) : une présence diverse réelle rend plus difficile les accords stratégiques, particularistes et inéquitables. La composition authentiquement pluridisciplinaire et pluraliste des commissions de discussion est donc capitale. Elle est le seul fondement pour l'autorité morale publique des avis, conclusions et décisions.

Une condition capitale pour l'exercice de l'éthique procédurale de la discussion tient dans la capacité pour chacun de distinguer entre deux régimes de la conscience morale et éthique.

Le premier est celui des *convictions personnelles*, des croyances que nous partageons avec une communauté (religieuse, par ex.) et qui proposent une image précise de la bonne vie, de ce qu'il faut faire et ne pas faire.

Le second est *méta-moral :* c'est la reconnaissance de la liberté d'autrui, même si l'autre est très différent de nous et s'il a une conception de la bonne vie éloignée de la nôtre. Ce second niveau rend possible la discussion et, éventuellement, la coopération entre des étrangers moraux, qui arrivent à se mettre d'accord sur certains points. Il rend aussi possible, quelquefois, l'évolution – le rapprochement même – des interlocuteurs.

L'essentiel pour l'*éthique procédurale* est, au fond, qu'elle continue d'être pratiquée dans un esprit proprement éthique, c'est-à-dire avec le présupposé partagé que le but n'est pas de l'emporter sur l'autre dans la discussion (rhétorique ou sophistique), mais bien d'arriver à s'entendre sur ce qui est bien ou de clarifier pourquoi on ne s'entend pas. Le danger de ce type d'éthique est qu'il devienne formel, une sorte de technologie instituée de la résolution des conflits éthiques, car une procédure est une méthode, elle présente un aspect technologique et formel. Si cet aspect domine, on en arrive à considérer qu'une conclusion est pourvue d'autorité morale simplement parce qu'elle aura suivi formellement un certain cheminement institutionnel, quelle que soit la qualité du débat et des discutants.

Septième processus : Bioéthique, biodroit, biopolitique

BIOÉTHIQUE EUROPÉENNE

Cette étude aborde trois niveaux d'articulation de la bioéthique, du biodroit et de la biopolitique en Europe :

1. à titre principal : les préoccupations bioéthiques de l'Union et plus particulièrement de la Commission Europénnes
2. celles du Conseil de l'Europe
3. l'expérience méthodologique du Comité Consultatif de Bioéthique de Belgique.

En ce qui concerne les préoccupations bioéthiques de la Commission Européenne, j'évoquerai l'éthique en liaison avec la RDTS européenne (Programmes-Cadres) et les Avis du Groupe Européen des Conseillers pour l'Ethique des Sciences et des Nouvelles Technologies [1].

En ce qui concerne le Conseil de l'Europe, je me concentrerai sur la présentation critique de la *Convention pour les Droits de l'Homme et la Biomédecine.*

A propos de la Belgique, je me référerai à quelques points cruciaux et originaux de la méthodologie du débat bioéthique mené par des Comités nationaux dans les sociétés démocratiques pluralistes.

1. Appelé jusqu'à la fin de 1997 : « Groupe des Conseillers pour l'Ethique des Biotechnologies ». Ce sont principalement les Avis de ce Groupe antérieur qui sont présentés ici. Membre du Groupe depuis 1994, l'auteur a participé à toutes les discussions conduisant à la formulation des Avis publiés.

L'Union et la Commission Européennes

Le Groupe des Conseillers pour l'Ethique

Institué par J. Delors fin 1991, le Groupe des Conseillers pour l'Ethique des Biotechnologies, pluridisciplinaire et pluraliste, était composé de neuf experts indépendants. Il a formulé des Avis sur des questions de portée générale, le plus souvent à la demande de la Commission. Ces Avis sont simultanément rendus publics et communiqués à la Commission. Le Groupe s'informe en s'adjoignant des experts externes et en procédant à l'audition des représentants des divers groupements d'intérêts ainsi que des parlementaires européens. Nous présenterons les points essentiels des Avis sur la thérapie génique, l'étiquetage des aliments génétiquement modifiés, les animaux transgéniques, le diagnostic prénatal, le brevet concernant des éléments d'origine humaine, le clonage, ainsi que les aspects éthiques du Ve Programme-Cadre Européen de RDTS aujourd'hui. En 1998, le Groupe a été profondément restructuré : il comprend douze Conseillers, peut également être saisi par le Parlement Européen et son champ d'intérêt éthique est élargi. En conséquence, il s'appelle désormais : « Groupe Européen des Conseillers pour l'Ethique des Sciences et des Nouvelles Technologies »[1].

Nous présenterons les deux Avis rendus en 1998 : les Banques de tissus humains et les Recherches sur l'embryon.

La RDTS et les Programmes-Cadres de Recherche (PC) Européens

L'Union Européenne (UE) consacre une partie de son budget à la RDTS, notamment dans le domaine des biotechnologies, en association avec des industries et des universités soumettant des projets de recherches. En 1994, lors du lancement du IVe PC (en particulier, les Programmes « Biomed et Biotech »), les diverses instances de l'Union ont décidé d'inclure dans le PC des préoccupations bioéthiques selon une double modalité :

– *thématique ou de recherches en (bio)éthique*

– *opératoire ou d'évaluation éthique de la recherche.*

1. Présidé par N. Lenoir (Juriste, France), le Groupe inclut deux philosophes (G. Hermeren, Suède ; G. Hottois, Belgique), deux théologiens (D. Mieth, Allemagne ; E. Schroten, Pays-Bas), deux juristes (P. Martinho da Silva, Portugal ; S. Rodota, Italie), trois biologistes (A. MacLaren, Grande-Bretagne ; M. Sorsa, Finlande ; A. Whittaker, Irlande), un médecin (O. Quintana Trias, Espagne), une informaticienne (I. Wagner, Autriche).

Cette décision signifie que l'UE s'est mise à subventionner une série de projets de recherches dans le domaine de la bioéthique et que d'autre part, elle a imposé des conditions de nature éthique au financement des projets de recherches dans le domaine des technosciences biomédicales.

Afin d'évaluer et de coordonner ces recherches en bioéthique, la Commission Européenne (CE) a créé le Groupe ELSA (Ethical, Legal and Social Aspects). Ce Groupe a été particulièrement attentif à promouvoir des recherches concernant les opinions, attitudes et représentations du public à travers l'Union, ainsi que des recherches pouvant conduire au repérage de zones consensuelles et de points de dissensus, mais encourageant, en tout état de cause, une meilleure compréhension mutuelle des États membres de l'Union.

Voici à titre illustratif quelques intitulés de projets de recherche :

« Law and practice of human artificial procreation », « Genetic screening and predictive medecine : ethical and philosophical perspectives », « The ethics, law and practice concerning incompetent patients », « The development of prenatal screening in Europe », « Basic ethical principles in bioethics and biolaw », « Safety regulation of transgenic crops », « Philosophical pluralism and bioethics positions », « Bioethical aspects of biotechnology in the agro-food sector », « Consumer attitudes and decision-making with regard to genetically engineered food production », etc.[1]

En ce qui concerne, les conditions éthiques imposées aux projets de recherche :

– la CE a exclu toute recherche concernant la thérapie génique germinale et le clonage humain

– la CE exclut toute expérimentation animale lorsqu'une alternative valable existe

– elle exige que les projets de recherche se conforment aux normes générales exprimées dans les grands textes normatifs tels que la Déclaration d'Helsinki ou la Convention du Conseil de l'Europe

– elle exige que tout projet soit soumis à un Comité d'éthique du pays du promoteur de la recherche

– en ce qui concerne les recherches impliquant l'embryon humain, les projets sont soumis à un groupe spécifique qui les évalue du point de vue éthique (HER : Human Embryo Research ; aujourd'hui HEF : Human Embryo and Fœtus)

1. Cf. Commission Européenne, *Ethical, legal and social aspects of the life Sciences and Technologies Programms of Framework Programm IV*, EC, Luxembourg, 1999.

– le promoteur doit s'engager formellement à respecter toutes les conditions éthiques et il est invité à indiquer les problèmes éthiques suscités par le projet de recherche.

Le Ve Programme-Cadre (VPC), qui a été discuté en 1997 et en 1998, s'étendra de 1999-2002 ; il renforce encore le souci éthique. Il a également fait l'objet d'un Rapport et d'un Avis élaborés par le Groupe de Conseillers, sur lesquels nous reviendrons longuement étant donné leur importance pour la RDTS européenne dans sa relation problématique à l'éthique.

Les Avis du Groupe des Conseillers pour l'Ethique de la Biotechnologie [1]

Nous nous limiterons à la présentation des Avis postérieurs à 1993.

La thérapie génique (décembre 1994)

La question posée par la Commission portait sur la thérapie génique somatique et germinale. En ce qui concerne cette dernière, un accord pragmatique a été réalisé condamnant les expériences de thérapie génique germinale dans l'état actuel des connaissances et des techniques (cf. Avis 2.7). Mais un désaccord sous-jacent persiste entre ceux qui estiment qu'il sera un jour légitime de revenir sur cette condamnation parce que l'idée de thérapie génique germinale n'est d'aucune manière contraire à l'éthique et ceux qui pensent que l'interdiction devrait être absolue et définitive. La question demeure donc profondément controversée au plan éthico-philosophique, même si pragmatiquement l'interdiction est universellement imposée.

La thérapie génique somatique est au contraire tout à fait positivement envisagée et considérée comme ne posant guère de questions bioéthiques spécifiques : il s'agira seulement d'une nouvelle sorte de médicaments et de traitements thérapeutiques pour un certain type de maladies. La thérapie génique est portée par d'immenses espoirs de la part d'associations de patients et devrait devenir le centre d'enjeux économiques très importants pour les industries de biotechnologie et du médicament. En ce sens, elle est aussi étroitement associée à la problématique du brevet sur les inventions impliquant des éléments d'origine humaine (cf. ci-dessous).

1. Aujourd'hui « Groupe des Conseillers pour l'éthique de la science et des nouvelles technologies ».

Les problèmes à considérer sont :

– la pression des attentes et des espoirs thérapeutiques ou économiques excessifs et précipités pouvant entraîner des imprudences expérimentales ou des réactions inappropriées de l'opinion

– les risques effectifs pour les patients sujets d'expériences

– les risques éventuels associés aux vecteurs (en particulier, viraux) utilisés et à leur éventuelle diffusion; les Directives concernant l'utilisation d'OGM (organismes génétiquement modifiés) devraient être étendues aux essais cliniques

– la détermination des maladies à prendre en considération : pas de liste expresse mais limitation, pour le moment, aux pathologies très graves pour lesquelles il n'existe pas de traitement alternatif valable

– le problème des « maladies orphelines » : très rares ou spécifiques des pays pauvres, pour lesquelles il n'y a pas de « marché »

– l'égalité d'accès vu le coût de départ présumé

– la protection de la vie privée vu l'importance et la nature particulières de l'information génétique

– la mise en place aux plans national et/ou international d'organes d'évaluation pour ce type d'expériences et de recherches sur base de critères qui devraient être, de préférence, internationaux

– l'information du public : problème de la progressive familiarisation avec cette nouvelle génération de médicaments.

En conclusion, les questions soulevées sont importantes mais gérables à condition de leur réserver l'attention et les moyens indispensables.

L'étiquetage des aliments dérivés des biotechnologies modernes (mai 1995)

La question posée concerne un certain type d'information du public au sujet de produits – les aliments – symboliquement très investis. Il s'agit donc aussi du « droit à l'information », essentiel aux yeux des associations de consommateurs et l'une des pierres angulaires de la démocratie.

Le problème de fond est de déterminer quand et comment étiqueter des produits alimentaires (agricoles avant tout, mais aussi d'élevage) dans le processus de production desquels, à l'un ou l'autre stade, une modification génétique a été induite.

Les difficultés rencontrées sont de deux ordres :

– pratiques : que dire de publiquement intelligible et éventuellement vérifiable dans l'espace limité d'une étiquette, compte tenu de la complexité et de la diversité de la réalité à décrire ? Ces limites et cette complexité font que l'étiquetage risque de fonctionner davantage comme un *signal* – attractif ou répulsif – que comme une source sérieuse d'information.

– liées à des craintes et des espoirs plus ou moins irrationnels : la crainte de la part des bio-industries d'une stigmatisation ou d'une discrimination injustifiée des « novel foods » associés à des enjeux économiques énormes ; l'exigence d'une information absolument complète et transparente pour tous les consommateurs ; les phobies et interdits associés par des croyances religieuses ou traditionnelles à certains aliments et à ce qui relève de la biotechnologie en général, spécialement le génie génétique. Il va sans dire que, suite à l'affaire de la « vache folle », l'inquiétude et les amalgames n'ont cessé de s'étendre.

Bien que tel n'était pas son objet, l'Avis a dû procéder d'abord à une analyse de la réalité concernée, soulignant :

– le caractère interventionniste multimillénaire de l'agriculture et de l'élevage et le non-sens d'une opposition simpliste entre naturel et artificiel dans ce domaine

– la nouveauté effective des techniques d'intervention génétique : notamment, le ciblage précis et rapide de propriétés nouvelles ou la capacité de sauter les barrières inter-espèces et inter-règnes, performances sans commune mesure avec les pratiques de sélection par les éleveurs et agriculteurs traditionnels

– les finalités nouvelles ou non des interventions génétiques : augmenter la production, conférer des résistances (par rapport au climat, aux ravageurs, aux maladies, aux herbicides et autres pesticides, à diverses manipulations : transport, conservation, ...), augmenter la valeur nutritionnelle, enrichir les saveurs, éventuellement conférer une fonction thérapeutique[1]...

– les problèmes de sécurité et de santé relatifs aux consommateurs et à l'environnement : la *safety* comme préalable et exigence éthiques numéro 1

– les problèmes liés à la biodiversité et au bien-être des animaux d'élevage : toutes ces questions très importantes ne sont pas traitées par l'Avis et supposées résolues d'une manière satisfaisante avant la mise sur le marché des « novel foods »

– la diversité des sortes de « novel foods » proposés au consommateur :

– avec ADN modifié et propriétés perceptibles pour le consommateur : par ex. tomates à conservation prolongée

1. Cf. la notion de « pharming » (fusion entre « farming » et « pharmacy ») et de « nutraceutique » (fusion entre « nutriment » et « pharmaceutique »). Ces néologismes expriment un même concept : des produits nouveaux conjuguant une fonction alimentaire et une fonction thérapeutique ou préventive (antibiotiques, vitamines, etc.).

– avec ADN modifié mais détruit et sans différences perceptibles : par exemple purée de tomates

– sans ADN modifié ni changement chimique du produit : par exemple sucre de betteraves génétiquement modifiées...

– le fait que les gènes insérés dans les produits ne sont pas le ou les quelques gènes d'origine, mais des copies de ces gènes (modifiés ou non) : ce point est très important par rapport à certains interdits ou phobies alimentaires [1]

– le problème de la vérification : il faut que la différence alléguée du produit soit scientifiquement repérable.

En conclusion, la complexité de la réalité à laquelle l'étiquetage devrait référer d'une manière *informative* est telle que celui-ci a autant de chance d'être informatif que désinformatif (mécompris). La portée informative d'une information est, en effet, dépendante des connaissances et présuppositions de ceux à qui elle s'adresse. La problématique du droit à l'information dans ce cas bien précis est donc inséparable de celle, plus générale, de l'information et de l'éducation générales du public. L'attention à l'égard des inquiétudes, demandes et ignorances du public, de la part de ceux qui disposent de l'information est également capitale. En ce sens, un travail interactif de longue durée est à réaliser. L'Avis recommande notamment l'installation de « téléphones verts » grâce auxquels les consommateurs pourraient obtenir tous compléments d'information et d'explication relatifs aux « novel foods » (Avis 2.6).

Il estime, par ailleurs, que l'étiquetage « novel food » ne s'impose que lorsqu'il y a une modification « substantielle » dans la composition du produit consommable. Une telle modification implique que l'on indique la nouvelle composition, les caractéristiques nouvelles et le procédé utilisé (2.4).

Enfin, comme il est impossible de tenir compte, dans la production et la distribution globales d'aliments, des exigences liées à des croyances communautaires particulières, l'Avis estime que la satisfaction de celles-ci ne peut être prise en charge que par des réseaux particuliers de production et de distribution alimentaires assurant la conformité spécifique des produits et de leur mode d'obtention, comme c'est déjà le cas pour toute une série

1. Au sens, par exemple, où ce n'est pas une partie même infinitésimale de porc que contient le légume modifié, mais une copie artificiellement produite de cette partie infinitésimale.

d'aliments, indépendamment et bien antérieurement au développement des technologies génétiques (2.5, 2.6)[1].

Le diagnostic prénatal (février 1996)

L'Avis concerne les aspects éthiques de tests génétiques permettant d'établir des anomalies éventuelles de l'embryon ou du fœtus.

L'Avis relève que ces tests devraient être réservés aux grossesses présentant une probabilité élevée d'anomalie génétique source de maladie grave, mais il n'encourage pas l'établissement d'une liste en raison de l'évolution constante de la médecine et du risque accru de stigmatisation des personnes atteintes.

Les points éthiques essentiels soulignés sont :

– la liberté de la femme (du couple) :

  – d'accepter ou non le test

  – de poursuivre ou non la grossesse

– l'exigence d'un conseil génétique non directif et inconditionnel avant et après le test

– le respect strict de la confidentialité : aucune exploitation de l'information autre que diagnostique (une telle utilisation serait, par exemple, le choix du sexe); non divulgation à d'autres membres de la famille d'une information éventuellement pertinente pour eux sans l'autorisation de la femme

– vigilance sociale à propos des risques de discrimination et de stigmatisation accrues à l'égard des enfants handicapés délibérément acceptés après un test positif.

La modification génétique des animaux (mai 1996)

L'Avis est relatif aux techniques opérant le transfert ou la suppression de gènes et ayant des finalités :

– scientifiques : recherches fondamentales en génétique

– scientifiques et thérapeutiques : produire des modèles animaux de maladies humaines[2]

– thérapeutiques : produire des substances thérapeutiques et des xénogreffes[3]

– économiques alimentaires : améliorer les animaux d'élevage, leur conférer des propriétés nutritionnellement intéressantes.

1. Tels les aliments « kasher » dans la tradition judaïque.

2. Par exemple, la « souris oncogène », lignée transgénique développant un cancer.

3. Les xénogreffes sont des organes et tissus animaux rendus immunologiquement compatibles par manipulation génétique.

Bien qu'il y ait – nous l'avons déjà souligné – une tradition d'intervention humaine dans le monde animal, la nouveauté des pratiques microbiologiques de transgenèse est indiscutable (cible précise, franchissement des barrières spécifiques, ...), autant que celle de certaines de ses finalités : xénotransplantation, modèles-animaux pour la recherche, ...

Ici comme dans les autres domaines de la biotechnologie, la concurrence internationale est très forte et les enjeux économiques potentiels très considérables, surtout dès lors que la transgenèse pourrait être combinée au clonage.

Tout en reconnaissant la diversité des points de vue sur la nature et sur le monde animal qui rendent impossible un consensus complet de telle sorte que le débat n'est pas clos, l'Avis estime que dans la tradition philosophique et religieuse occidentale, la position *anthropocentriste* prime nettement toute approche biocentriste. Cette position entraîne que la valeur accordée aux animaux est relative en un double sens :

– par rapport à leur utilité pratique ou à leur valeur symbolique pour les humains

– par rapport à leur place au sein de la hiérarchie évolutionnaire, c'est-à-dire de leur plus ou moins grande proximité biologique de l'espèce humaine.

Bien que l'Avis ne se soit pas rallié à l'idée d'une « valeur inhérente ou intrinsèque » absolue des animaux ou des espèces animales, il estime cependant que la modification génétique des animaux ne devrait pas se faire dans n'importe quelles conditions et sans « bonnes » raisons, c'est-à-dire sans finalités éthiquement acceptables.

Dès lors, les questions éthiques soulevées sont celles, classiques, concernant la santé et la sécurité (*safety*) de l'homme dans son environnement, l'environnement lui-même (équilibres écosystémiques, biodiversité, ...) et, plus spécifiquement, les problèmes de souffrance et de bien-être des animaux. A souligner particulièrement :

– l'extrême prudence qui s'impose en raison de la nouveauté de ces pratiques : prudence à propos des modes d'opération et de production (vecteurs des gènes), de l'utilisation des « produits » ainsi que de leur commercialisation, et de l'éventuelle libération ou dispersion dans le milieu (surtout si les animaux sont capables de se reproduire et si leur dispersion est incontrôlable : problème des poissons, notamment). Nouveauté et risques justifient la mise en place d'organismes de contrôle qualifiés et officiellement reconnus, qui doivent rendre également effectives la transparence des pratiques et l'information du public dont les préoccupations sont grandes ;

– le souci de la souffrance animale, en particulier des mammifères : application vigilante du principe des « trois R » « *Replacement, Reduction, Refinement* »[1].

Plus qu'ailleurs, peut-être, est perceptible ici que l'accroissement du pouvoir humain doit entraîner un développement équivalent du sens de la responsabilité.

La brevetabilité des inventions portant sur des éléments d'origine humaine (septembre 1996)

Il s'agit d'un Avis demandé par la Commission sur le projet de « Directive européenne relative à la protection juridique des inventions biotechnologiques ». A noter que ce projet a été depuis lors considérablement modifié à la demande du Parlement (nouvelle proposition amendée d'août 97) et, finalement, adopté en tant que nouvelle Directive européenne. Comme l'Avis ne concerne qu'une partie limitée de la Directive et qu'il se tient à des aspects fondamentaux, son contenu demeure tout à fait pertinent.

L'Avis s'efforce d'évaluer les conditions de compatibilité éthique entre d'une part, l'importance très largement reconnue du brevet comme incitant essentiel de la RDTS et d'autre part, le respect de la personne humaine.

Il estime qu'il n'y a pas d'opposition de principe à la protection juridique d'inventions impliquant des éléments d'origine humaine (essentiellement des gènes et des séquences géniques), si les conditions suivantes sont observées :

(1) le respect des critères déterminant s'il y a invention, à savoir : activité inventive, nouveauté et application industrielle envisagée de l'invention

(2) le consentement informé et libre du donneur

(3) la non-commercialisation du corps humain.

Le premier point est au cœur d'un débat complexe concernant la distinction entre « découverte » et « invention ». Ni les découvertes ni les connaissances associées à une découverte ne sont brevetables. L'Avis estime qu'un gène qui a été isolé (cloné, purifié), dont la structure et la fonction ont été déterminées et qui est susceptible d'entrer dans une application industrielle nouvelle (médicament, par exemple) peut être breveté

1. C'est-à-dire : *remplacer* l'expérimentation sur l'animal par une expérimentation *in vitro* sur des cellules chaque fois que c'est possible ; *réduire* le nombre d'animaux utilisés et, dans cette perspective, *affiner* les expériences de manière à ce que chacune apporte un maximum d'enseignements.

(Avis 2.2 et 2.5). Dans quelle mesure l'application industrielle devrait être précisée, dès lors qu'elle demeure potentielle, reste controversé et ne paraît soluble qu'au cas par cas.

Le deuxième point vise à souligner que l'information du donneur doit être aussi complète que possible et que l'éventualité d'une application industrielle de la recherche dans laquelle il est impliqué peut ou doit être exprimée.

Le troisième point exclut que le donneur ou ses ayants droit puissent réclamer une participation aux bénéfices d'une éventuelle exploitation commerciale future du prélèvement primitif ou que celui-ci puisse faire l'objet d'une transaction commerciale.

Les techniques de clonage (mai 1997)

Cet Avis demandé par la CE suite à la naissance de Dolly, plus encore que les autres, concerne une question surchargée d'émotions et de fantasmes. Ceci explique la quantité d'informations scientifiques et de distinctions préalables présentes dans l'Avis.

A relever parmi celles-ci :

– le caractère naturel de la reproduction par clone dans le monde végétal et, très partiellement, animal

– l'usage humain intensif de ce type de reproduction pour les végétaux et l'existence d'expériences réussies dans le monde animal dès les années 50.

– la plurivocité du mot « clone », signifiant :

  – primitivement : tout ensemble de cellules dont l'ADN est identique
  – organisme dont l'ADN est identique à celui d'un autre organisme et obtenu par :

a / division embryonnaire

b / transfert nucléaire à partir de cellules embryonnaires non différenciées ou de cellules différenciées

– le caractère en fait limité de l'identité, prétendument absolue, des organismes clonés (particulièrement en ce qui concerne l'éventualité la plus redoutée : le clone humain) :

  – différences liées à l'épigenèse
  – différences liées aux interactions avec le milieu
  – différences d'origine mitochondriale
  – différences liées à la distance entre générations (âge)

– les nombreuses inconnues, concernant notamment le rythme de vieillissement des clones, leur fécondité, leur disposition éventuelle à développer certaines maladies

– les finalités et utilités :

– soit pour la recherche fondamentale en embryologie et génétique

– soit le plus souvent en association avec la transgenèse pour multiplier des cellules (tissus, organes) et des organismes présentant pour l'homme une utilité thérapeutique ou économique : le clonage, ne passant pas par la combinatoire génétique des sexes, permet d'éviter la perte au fil des générations des propriétés transgéniques désirées.

En ce qui concerne le clonage des animaux, l'Avis conclut à une position très proche de celle adoptée pour les animaux transgéniques, avec une prudence plus prononcée encore en ce qui concerne le problème de la biodiversité.

En ce qui concerne le clonage impliquant des cellules humaines, l'Avis (2.6 à 2.9) interdit seulement le clonage à visée reproductive (y compris la division embryonnaire) pour lequel il considère qu'il n'existe pas, sous réserve de plus ample informé, de raisons convaincantes étant donné les inconnues et les risques de ces techniques ainsi que les motivations moralement inacceptables ou suspectes sous-jacentes repérables. Dans la mesure où l'existence d'individus humains génétiquement identiques (jumeaux monozygotes) n'est pas en soi jugée contraire à l'éthique, l'absence alléguée de « bonnes » raisons ou motivations en faveur de la reproduction humaine par clonage est déterminante pour le maintien à l'avenir de l'interdiction.

L'Avis n'interdit donc pas les autres usages ni, en particulier, le transfert nucléaire limité à une recherche *in vitro* impliquant des embryons humains à condition qu'elle soit très précisément justifiée.

Aspects éthiques du Ve Programme-Cadre (VPC) (décembre 1997)

Nous nous attarderons plus longuement sur cet Avis[1], en raison de l'étendue et de l'importance de son objet : il s'agit en effet de poser la question de l'éthique à l'ensemble de la Recherche technoscientifique financée par l'Union Européenne.

Cet Avis, plus précisément, concerne la place de l'éthique dans le VPC (1999-2002). L'art. 6 de celui-ci s'énonce ainsi : « Toutes les activités de recherche menées au titre du VPC doivent être réalisées dans le respect des

1. Pour lequel nous avons été Rapporteur. Les développements ci-dessous reproduisent d'ailleurs, souvent d'une manière presque littérale, des passages importants du Rapport.

principes éthiques fondamentaux ». L'Avis est appelé à expliciter cette exigence d'une éthique de la recherche et à préciser, d'autre part, les questions bioéthiques à approfondir.

En ce qui concerne le premier point, l'Avis et le Rapport distinguent trois angles d'approche ou niveaux d'évaluation possibles de la problématique éthique suscitée par un projet de recherche :

– le processus de la recherche elle-même

– la finalité déclarée de la recherche

– les usages et conséquences possibles des résultats de la recherche achevée.

Le premier niveau doit sans aucun doute être éthiquement évalué du point de vue des intervenants humains, non humains (animaux) et environnementaux. Les questions importantes sont relativement bien balisées dans la littérature et la pratique bioéthiques (expérimentation sur l'homme, sur l'animal, protection de l'environnement, etc.).

Le deuxième aspect ne devrait, le plus souvent, guère poser de problèmes, les finalités déclarées étant très généralement de type cognitif et/ou thérapeutique et/ou économique.

Le troisième niveau, qui prétendrait prendre en considération les usages et conséquences éventuels des résultats d'une recherche au sein de la société globale, est de loin le plus problématique. Il est douteux qu'il puisse et doive être évalué dans le cadre restreint des procédures de sélection des projets de recherche.

Cette entreprise d'évaluation éthique systématique de la recherche européenne (en principe, non confinée à la biotechnologie) a suscité bien des interrogations, tant en ce qui concerne les « principes » qui doivent la guider, qu'en ce qui concerne les risques propres à l'entreprise d'évaluation même ou encore à la manière dont elle sera mise en œuvre concrètement.

Pour ce qui est des recherches en bioéthique, sont à promouvoir les sujets controversés ou/et émergents : médecine prédictive, sélection du sexe, thérapie génique germinale, médicaments orphelins, xénogreffes, neurosciences, interactions entre la RDTS (Recherche et Développement Techno-Scientifiques) et l'opinion publique ainsi qu'entre la RDTS et l'environnement naturel; la biodiversité et le développement durable, l'allocation des ressources, les connexions entre biomédecine et informatique, la spécificité bioéthique européenne, ...

Nous ne développerons pas autrement ici cette thématique prospective de la recherche bioéthique.

En ce qui concerne la problématique de l'évaluation éthique de la recherche technoscientifique que nous allons détailler maintenant, la principale question posée est celle de l'interprétation et de l'application de l'Art. 6 du VPC cité ci-dessus.

Chacune des deux parties de l'article soulève des questions difficiles :

– jusqu'où faut-il considérer une « activité de recherche » en ses aspects éthiques, lorsque l'on sait que la finalité de toute recherche considérée par le VPC est aussi le *développement*, c'est-à-dire la diffusion et l'application des résultats au sein des États membres et de l'économie communautaire ?

– quels sont les « principes éthiques fondamentaux », jusqu'où peut-on et souhaite-t-on les préciser ? Comment assurer leur respect, c'est-à-dire leur application par rapport à la RDTS ?

Ces deux problématiques se subdivisent en une série de questions plus précises.

Qu'entendre par « Activité de recherche » ?

L'immersion constatée et souhaitée des activités de recherche dans la société n'empêche cependant pas de distinguer, comme déjà annoncé, entre plusieurs niveaux ou étapes de l'évaluation éthique :

1. l'examen des aspects éthiques de la *recherche elle-même*, de son *processus*, tel qu'il est décrit dans le projet : c'est l'évaluation du comment, de la méthodologie, dans la mesure, par exemple, où elle implique des personnes, des animaux, l'environnement, ...

2. l'évaluation éthique de la *finalité* de la recherche, telle qu'elle apparaît explicitement dans le projet (par exemple, faciliter le diagnostic de telle maladie rare ou conférer telle résistance à une espèce végétale ou encore élucider tel mécanisme cellulaire de base, ...). Il s'agit cette fois d'apprécier en quelque sorte l'*intention* avouée de la recherche présentée comme l'objectif principal, prévisible et décidé du processus. Cet aspect limité ne doit pas être confondu avec l'étape suivante qui concerne les conséquences et les usages effectifs des résultats ou produits de la recherche après l'achèvement de celle-ci, conséquences et usages qui échappent la plupart du temps largement aux auteurs de la recherche ;

3. l'évaluation beaucoup plus prospective et globale des conséquences et usages *possibles* (donc également des bénéfices, des risques et des abus), en général et aussi à long terme, des résultats ou produits et produits dérivés de la recherche. Ce champ est *potentiellement illimité*. Il est fondamentalement *ambivalent*, puisque toute connaissance et tout pouvoir technique peuvent être bien ou mal utilisés, et diversement – voire contradictoirement – appréciés à partir de morales différentes ou de projets de société distincts. Cette problématique débouche nécessairement dans l'*imprévisible*, car les usages et conséquences dépendront de l'évolution globale et complexe de notre société et du monde en général.

Qu'entendre par « Principes éthiques fondamentaux » ?

a) Quelques considérations préalables :

1. Bien que les questions éthiques se posent au premier rang dans des domaines relevant de la compétence législative nationale[1], il paraît légitime, dans la mesure où l'Union Européenne comme telle subventionne des projets de recherche, que des questions d'éthique puissent être posées à leur sujet. C'est donc parce que l'UE finance des recherches qu'elle peut introduire l'idée d'une évaluation éthique comme une condition de ce financement.

2. Toutefois, bien plus encore qu'au plan national, la perspective d'une évaluation éthique (et non plus simplement scientifique) au plan européen confronte d'emblée au problème de la *diversité des morales* (traditions, communautés, religions, ... partagées et vécues par les nombreux groupes culturels qui composent l'Europe) et au problème de la *diversité des éthiques*, c'est-à-dire des réflexions et systématisations (théories morales) opérées par les philosophes et les théologiens.

3. Il ne s'agit toutefois pas de nier l'importance de l'harmonisation et de la mise en évidence de principes communs. Mais les progrès de l'unification morale ne peuvent se faire que dans un esprit qui soit lui-même éthique, c'est-à-dire respectueux des différences et des points de vue minoritaires. Plutôt que de prétendre affirmer des « principes fondamentaux » et universels, mieux vaudrait se demander s'il existe des principes (valeurs, normes) *minimaux suffisamment communs ou du moins très largement (sinon universellement) partagés* susceptibles de guider une appréciation éthique qui sera sans doute loin de satisfaire complètement chacun, mais dans laquelle chacun retrouvera au moins une part essentielle de ses valeurs propres ; une appréciation éthique qui ne serait, en outre, pour personne profondément choquante (si ce n'est pour quelques intégristes irrémédiablement intolérants).

4. Ainsi nuancée, la notion de « principes fondamentaux » peut être utilement interprétée dans un sens plus positif et juridique que méta-

1. Il s'agit des rapports entre l'UE et les Etats membres tels que définis par les traités actuels. Une notion importante est la « subsidiarité » : suivant son principe, une problématique doit être laissée à la régulation nationale si son règlement au plan de l'Union n'est pas indispensable ou nettement préférable. Les questions morales ne seraient ordinairement pas de cette dernière espèce. Voici comment l'Art. 5 du Traité d'Amsterdam définit les conditions d'une action communautaire conformément au principe de subsidiarité : « si et dans la mesure où les objectifs de l'action envisagée ne peuvent pas être réalisés de manière suffisante par les Etats membres et peuvent donc, en raison des dimensions ou des effets de l'action envisagée, être mieux réalisés au niveau communautaire ».

physique et théologique. Elle réfère aux valeurs et normes de base générales sur lesquelles une très large entente existe, même si l'accord n'est pas toujours possible quant aux interprétations et aux applications produites à partir de ces bases générales communes.

5. Sous cet angle, il paraît judicieux de tenir compte du travail éthique déjà très important effectué, notamment, par des instances internationales telles l'ONU, l'UNESCO, l'OMS, le Conseil de l'Europe, éventuellement aussi non-gouvernementales telle l'AMM[1], etc. On songe, en particulier, à la Convention sur les Droits de l'Homme et la Biomédecine du Conseil de l'Europe ou à la Déclaration sur les Droits de l'Homme et le Génome Humain de l'UNESCO, tenant compte cependant du fait qu'elles abordent aussi et tendent à trancher des thèmes éthiquement toujours fort controversés.

6. S'agissant, enfin, d'évaluer éthiquement la recherche scientifique, il est important de ne pas oublier que la valeur et la liberté de celle-ci ont été difficilement conquises au cours des siècles *contre le pouvoir dogmatique des éthiques, des morales, des droits, des religions et des métaphysiques.* Mais après avoir peut-être exagérément affirmé que la recherche et la connaissance scientifiques étaient soit nécessairement « bonnes en elles-mêmes » parce que synonymes de progrès du savoir, soit éthiquement « neutres », il faut être attentif à ne pas verser dans le danger inverse qui est celui d'un retour au *contrôle éthique abusif* de la recherche et de la connaissance scientifiques. La règle est que l'activité de recherche doit être libre et que la question de son acceptabilité éthique ne doit être posée plus particulièrement que dans un nombre limité de cas. L'Art. 6 invite à poser cette question d'une manière désormais systématique comme une condition imposée à l'activité même de recherche quelle qu'elle soit. Il y a là un mouvement de renversement dont il est prudent de mesurer la portée avant de le précipiter. La règle était : « Oui à la recherche, sauf si... ». Elle pourrait commencer à se retourner en « Non, sauf s'il y a des justifications éthiques ». Cette dernière formule implique non seulement le refus de toute transgression grave de la morale; elle demande en outre une justification morale positive. Généralisé, cet utilitarisme moraliste ou économiste risque d'étouffer la recherche libre plus sûrement peut-être que des interdits dogmatiques. Sans doute la recherche n'est-elle jamais « absolument libre » dans la mesure où elle a lieu dans le monde concret construit de contraintes. Mais il y a lieu de distinguer les contraintes matérielles, économiques, financières, etc., et les limitations de nature plus

1. OMS : Organisation Mondiale de la Santé. AMM : Association Médicale Mondiale.

directement idéologiques. L'idée d'une évaluation éthique de la recherche croise inévitablement ces dernières. Elle devrait donc inviter aussi à *une vigilance « méta-éthique » attentive à critiquer les éventuels abus dissimulés sous les demandes d'éthique et d'appréciation morale de la recherche scientifique.*

b) Quels principes ?

(1) *Premier niveau : l'activité de recherche comme telle :*

L'intégration de plus en plus forte de la recherche et du développement constatée et souhaitée (par le VPC) n'empêche pas de distinguer entre les questions éthiques suscitées par l'activité ou le processus de recherche en tant que tels et celles soulevées par les utilisations et applications éventuelles des résultats de la recherche.

La première étape de l'évaluation invite à prendre en considération les principes suivants :

Principe de la scientificité

Ce principe ne s'applique pas seulement aux sciences du vivant. Une recherche, entreprise dans un cadre technoscientifique, doit tenir compte rigoureusement de l'état des connaissances et des techniques (acquis, méthodologie) dans le domaine qu'elle étudie. Ce principe s'énonce souvent d'une manière excessivement laconique : « Ce qui n'est pas scientifique n'est pas éthique ». Il s'agit d'une exigence de cohérence (« faire de la science » implique que l'on soit « scientifique ») et de compétence imposée au chercheur. Concrètement, ce principe entraîne qu'une évaluation de la qualité scientifique de tout projet de recherche *doit précéder l'évaluation éthique proprement dite*. Celle-ci doit tenir compte des conclusions concernant le sérieux technoscientifique de la recherche proposée. Ces conclusions doivent donc être communiquées aux évaluateurs éthiques.

Principes concernant les intervenants dans l'activité de recherche

– *Intervenants humains* (expérimentation sur l'être humain) :

– *Principe d'autonomie et du consentement informé et libre* (Ce principe est déjà fort bien et consensuellement balisé, y compris en ce qui concerne les aspects problématiques ou controversés : groupes vulnérables, personnes incapables de consentir, recherche en double insu, etc.).

– *Principe du respect de la dignité humaine* (Ce principe s'appliquerait tout particulièrement à défaut du premier, lorsque le sujet est incapable d'exprimer un éventuel consentement informé et libre, ou lorsqu'il y a des doutes, avec une attention spéciale à l'égard de celui qui est vulnérable ou peu capable de se défendre. Mais la définition à la fois générale et précise du contenu de la notion de « dignité humaine » est difficile, car fort dépendante de la conception ou de l'« image » de l'homme et de la « bonne vie » auxquelles l'on adhère).

– *Principe du respect de la vie privée et de la confidentialité des informations personnelles* (traditionnel, mais pose des questions nouvelles à propos de l'information génétique en raison de la portée transindividuelle de celle-ci et du développement de l'informatique, notamment).

– *Principe de non-discrimination* (Sont visées les discriminations pour lesquelles il n'y aurait pas de justification proprement médicale ou scientifique, mais qui seraient le résultat de différences dans le statut social permanent ou circonstanciel des personnes).

– *Principe du 'non nocere' (sécurité, santé : « safety »)* (Le consentement même libre et informé du sujet ne rend pas licite n'importe quelle expérimentation; la sécurité des chercheurs eux-mêmes et non seulement celle des intervenants et des tiers doit être considérée).

– *Principe de l'évaluation du rapport entre les risques (inconvénients) et les bénéfices éventuels*

– *Principe de non-exploitation* (pas d'indemnité disproportionnée pour les sujets d'expérience, qui risquerait de conduire à une exploitation des plus faibles financièrement).

– *Intervenants non humains*

– *Principes concernant l'utilisation des animaux :*

– Les « trois R » (« Replacement, Reduction, Refinement »)[1]

– La règle de la proportionnalité : pas de souffrance excessive ni disproportionnée

– Hiérarchie des espèces animales, avec attention particulière pour certains groupes, tels les primates

– Statut sensible des animaux transgéniques ou clonés

– *Principe(s) concernant l'usage de micro-organismes* (problèmes relativement bien identifiés et focalisés autour des questions de sécurité-innocuité pour l'homme et l'environnement; distinction entre l'usage confiné en labo et la libération dans le milieu naturel; cette question concerne aussi les animaux et les végétaux, mais elle est en réalité surtout relative aux suites de la recherche et aux tiers non

1. L'expérimentation animale n'est éthiquement légitime que si elle est indispensable (et n'a pu être *remplacée*, par exemple, par des expériences sur des tissus *in vitro*), à condition de *réduire* le nombre d'animaux au strict minimum et d'*affiner* les expériences.

directement impliqués dans la recherche : biodiversité, équilibres écosystémiques).

– *Principe(s) concernant l'environnement* (lorsque la recherche elle-même implique directement de sortir du laboratoire : questions et règles de sécurité, contrôle et suivi, biodiversité, etc. Cette problématique est plus apparente au troisième niveau).

(2) *Deuxième niveau : la finalité expresse de la recherche :*

Dans le cadre de la RDTS, c'est-à-dire des activités de recherches associées à des buts pratiques de diffusion et d'utilisation, la finalité apparaît généralement clairement dans le projet lui-même. Elle est presque toujours liée au *développement de l'économie ou au progrès dans le domaine de la santé* (humaine, mais aussi animale). Notons que la finalité est, en prinicipe, aussi toujours *cognitive*, et cet aspect peut être plus important que les finalités économiques et médicales affichées. Si l'on part d'un point de vue éthique qui est, pour l'essentiel, en accord avec la philosophie qui valorise le développement économique et les progrès de la maîtrise de la santé, et qui valorise aussi le progrès général de la connaissance ainsi que l'accroissement des capacités de faire et des responsabilités que la RDTS apporte, alors les finalités immédiates exprimées dans les projets de recherche ne posent le plus souvent pas de problèmes. On peut dire qu'elles respectent généralement le *principe de bienfaisance*, puisqu'elles visent au mieux-être matériel de l'humanité et à l'accroissement du savoir.

Mais même pour ceux qui sont globalement en accord avec l'esprit de la RDTS et des progrès qu'elle entraîne, une évaluation éthique nuancée des finalités exprimées peut avoir un sens, soit positif, soit négatif (ou encore controversé). Par exemple, des projets de recherche concernant des maladies rares ou « sans marché lucratif », des projets concernant des méthodes de diagnostic génétique sans contrôle médical (sous forme de « kits » commercialisés), ou concernant la médecine prédictive sans perspective thérapeutique, ou encore à propos d'hypothétiques déterminismes génétiques qui expliqueraient des « inégalités » entre les individus ou les « races », … peuvent être très diversement évalués et hiéarchisés. Il est tout à fait légitime de considérer que certaines finalités sont préférables ou prioritaires.

Insistons sur le fait qu'il s'agit ici de la finalité (donc de l'usage voulu et prévu) telle que le chercheur la décrit dans son projet. Il ne s'agit pas d'une prospective concernant tous les autres usages et applications dérivées prévisibles ou non, lorsque les résultats de la recherche seront disponibles, même si le chercheur peut, dans une certaine mesure, y avoir aussi songé.

Il faut admettre cependant que la frontière qui passe entre le niveau 2 et le niveau 3 n'est pas toujours très nette. De plus, un projet de recherche particulier fait presque toujours partie d'un programme de recherches plus étendu pour lequel les questions relatives aux choix de société et aux politiques de la recherche sont plus immédiatement visibles.

(3) *Troisième niveau : les suites de la recherche et les tiers :*

Il s'agit de la partie « développement » de la RDTS. Dans la mesure où le VPC souligne la nécessité et l'intérêt d'une recherche toujours étroitement articulée au développement, il faut évoquer cet aspect. Mais il est fort problématique, surtout à l'échelon considéré dans le VPC (projet particulier de recherche déposé pour co-financement européen par un chercheur coordinateur).

Le troisième niveau comprend, en effet, tout ce qui devient possible dès lors que les résultats d'une recherche sont disponibles dans la société globale, tout ce que celle-ci (et surtout des parties de celle-ci) en fera (ou n'en fera pas). Il s'agit aussi des conséquences prévisibles ou non, des accidents éventuels ou des hasards heureux, qui surviendront ou non, indépendamment même de la volonté consciente des individus et des collectivités, lorsqu'un nouveau savoir et/ou pouvoir, un nouveau « produit », suivent leurs cours au sein des sociétés et des écosystèmes. Les tiers sont donc tous ceux qui, bien que n'ayant en aucun cas été impliqués dans la recherche elle-même, peuvent être affectés par ses résultats : les contemporains (de la communauté particulière à l'humanité), les générations futures, l'environnement naturel vivant ou non au présent et au futur... La complexité d'une telle évaluation éthique est immense. On peut d'ailleurs se demander dans quelle mesure il appartient à une instance éthique particulière de l'opérer, alors que l'on ne demande pas l'avis de tous ces tiers qui sont ou seront intéressés. Il existe bien des procédures de « technology assessment », mais elles sont généralement réservées à l'étude de grands projets technologiques déjà bien définis et aux conséquences socio-économiques et environnementales assez précisément déterminables : de tels projets concernent le développement, mais pas, en tous cas pas prioritairement, la recherche. Il semble donc que l'on touche ici à un autre type d'évaluation que l'évaluation préalable d'un projet de recherche déterminé.

On peut évidemment rappeler, à titre de volontés ou souhaits, que les résultats d'une recherche doivent être placés au service du progrès humain : justice économique et sociale, libertés et responsabilités individuelles, santé pour tous, etc., et ne pas appauvrir ou nuire à l'environnement naturel, ni dilapider les ressources du présent au détriment de l'avenir, etc.

Mais qu'il en sera effectivement ainsi ou non dépend d'une foule de facteurs qui sont indépendants de la recherche particulière considérée.

Tous les projets de recherches ne semblent cependant pas également problématiques en ce qui concerne la question de l'évaluation des suites et des conséquences possibles pour les tiers. Peut-être conviendrait-il de signaler les projets pour lesquels des *risques* apparaissent, à bon droit ou non (mais si le risque est surtout phantasmé, cela revient à discriminer le projet injustement), avec le plus d'évidence ? Sans doute est-ce ici aussi la place pour évoquer le *principe de précaution et de prudence* (spécialement à propos des risques de sécurité-santé – « safety » – concernant les humains et l'environnement). Mais, comme cela apparaît, tout particulièrement, dans l'« heuristique de la peur » du philosophe H. Jonas (si souvent cité), le principe de prudence ou de précaution peut inviter à ne plus rien entreprendre du tout. Il suffit pour cela de privilégier les scénarios du futur catastrophes et de dire qu'il est de notre responsabilité, l'avenir étant inanticipable, d'agir (c'est-à-dire le plus souvent de ne pas agir) comme si les risques majeurs devaient se réaliser. On peut cependant envisager des scénarios-catastrophes également dans l'hypothèse où l'on n'entreprend pas telle RDTS et conclure que l'inaction est aussi périlleuse que l'action, voire plus périlleuse encore à long terme, même si la responsabilité par omission peut sembler moins flagrante que la responsabilité de la décision et de l'action.

Une autre notion-valeur importante semble être celle de la *durabilité* (développement durable ou « soutenable ») qui insiste sur l'importance d'un rythme et d'un mode de développement compatibles avec le long terme.

Comme les conséquences, usages et risques sont dépendants d'une série de conditions sociales, économiques, politiques, financières (etc.), ainsi que d'événements extérieurs imprévisibles, bien plus que des activités de recherche que l'on prétendrait pourtant évaluer dans cette perspective, la responsabilité dont certains voudraient charger la recherche scientifique paraît bien excessive. Elle est en outre injuste. Cette injustice et cette incohérence ne seraient levées que si on imposait les mêmes exigences éthiques à d'autres activités humaines lourdes de conséquences sociales et environnementales, tout particulièrement les entreprises (industries), les activités financières et les décisions politiques.

c) *Instances évaluatrices*

La diversité même des morales et des théories éthiques fait que, en l'absence de procédures clairement convenues et de principes communs, une évaluation éthique est conditionnée par l'identité de ceux qui composent l'instance évaluatrice. A propos d'un même projet de recherche, on peut donc parfaitement concevoir des conclusions opposées. De plus, toute conclusion, quelle que soit l'instance qui la formule, sera toujours criticable d'un point de vue éthique extérieur. Afin de minimiser ces difficultés, il semble essentiel de définir une procédure d'évaluation *la plus transparente possible* et d'énoncer aussi le plus clairement possible les principes, critères, règles, etc., auxquels l'évaluation se réfère. Il faudrait sans doute aussi préciser très clairement les questions auxquelles le chercheur est invité à répondre et la nature exacte de l'information qu'il est invité à communiquer.

Deux échelons pour l'évaluation éthique des projets de recherche peuvent être envisagés :

– local (national) : le responsable du projet soumet celui-ci à l'instance locale adéquate et il communique l'évaluation opérée

– central (européen).

Cette alternative soulève de nombreuses questions :

– Faut-il se contenter du local (lorsqu'il existe, et en dépit de la diversité qualitative des procédures, principes, etc.) ? Et n'imposer une évaluation centrale qu'à titre supplétif ? Faut-il exiger la communication du rapport local ? Quel poids lui accorder et qui en jugera ?

– Faut-il mettre sur pied une instance centrale européenne ? Si oui, sous quelle forme ? Faut-il une évaluation centrale, mais sans qu'il y ait une instance d'évaluation permanente (une équipe ponctuelle d'experts et non un comité d'éthique) ? Faut-il examiner tous les projets ?

– En ce qui concerne la composition de l'instance centrale, doit-elle favoriser l'auto-régulation (en incluant une majorité de spécialistes scientifiques) ou la régulation externe plus « sociale » (en incluant davantage d'« éthiciens », philosophes, juristes, théologiens, spécialistes des sciences humaines, représentants divers de groupes d'intérêts, etc.) ?

Une question particulièrement sensible est posée par les chercheurs participant à des activités de recherche transnationales subsidiées par l'UE, mais jugées problématiques et interdites au plan national (par exemple, la recherche sur l'embryon est interdite dans certains pays européens : dans quelle mesure un chercheur allemand peut-il participer à une recherche interdite dont le promoteur serait belge ?).

Considérant :

– qu'il y a une recherche *européenne* distincte des recherches nationales,

– qu'il y a des libertés individuelles (notamment de croyance, d'expression, de déplacement et de recherche) protégées par les Droits de l'Homme, il ne devrait pas y avoir d'objection à une telle participation.

En outre, le refus d'un projet par les instances évaluatrices et subventionnantes européennes au seul motif qu'un type déterminé de recherche n'est pas autorisé dans un État membre ne paraît pas justifié. Réciproquement, l'acceptation d'un projet de recherche à l'échelon européen n'entraîne pas l'acceptabilité de cette recherche dans un État où elle serait prohibée. Les projets se trouvant dans cette situation controversée ne devraient pas être défavorisés et encore moins écartés : aucune évidence éthique ne « donne raison » à une morale-législation plus restrictive de la recherche. On peut estimer que cette restriction est peu éthique non seulement parce qu'elle limite la liberté de la recherche mais encore parce qu'elle lèse l'intérêt légitime de certains patients (par ex.) qui ne pourront bénéficier des résultats de recherches prohibées.

Néanmoins, il s'agit de questions d'éthique, provisoirement irréductibles, pour lesquelles le consensus européen n'existe pas et à propos desquelles il n'y a pas *une* solution éthique (ni méta-éthique). Il faut savoir aussi respecter les dissensus.

On peut se demander s'il n'y a pas ici, en définitive, un problème davantage politique qu'éthique pour ce qui est de la solution pragmatique qui pourra lui être réservée? Mais une « solution » politico-pragmatique n'est pas pour autant éthiquement satisfaisante [1].

En conclusion générale, le Rapport et l'Avis soulignent encore une fois qu'une approche et une pratique éclairées de l'*éthique de la recherche* postulent que l'on puisse disposer de toutes les informations issues des *recherches en (bio)éthique* ainsi que l'actualisation continuée de celles-ci. Entre l'éthique de la recherche et la recherche en éthique, il y une importante complémentarité.

Banques de tissus humains (juillet 1998)

La formulation de cet Avis s'est heurtée à de très gros problèmes d'information précise sur la réalité des Banques de tissus humains (BTH) en Europe (et *a fortiori* ailleurs) qui sont des institutions extrêmement diverses quant à leur statut, à leurs activités, à leurs finalités, aux types de tissus traités, ... L'Avis renonce quasiment à définir la banque de tissus autrement que par l'énumération d'une série d'activités qu'elles peuvent mais ne doivent pas toutes nécessairement assurer.

En ce qui concerne les tissus considérés, l'Avis se rapproche fort de la délimitation adoptée par le Conseil de l'Europe (Rec 94-1).

1. Nous revenons sur cette importante problématique de philosophie éthique et politique appliquée à l'UE dans le point ci-dessous p. 150 : *Les recherches sur l'embryon*.

La plupart du temps les exclusions de tissus de la considération de l'Avis sont justifiées par l'existence de réglementations nationales et/ou communautaires : l'exemple archétypique est le sang.

L'Avis ne traite pas des tissus du point de vue spécifique de l'information génétique qu'ils recèlent, car cet aspect soulève une série de problèmes épistémologiques et éthiques nouveaux relatifs au statut de l'information génétique.

En ce qui concerne les opérations effectuées par des banques, a été longuement débattue la possibilité d'une distinction claire et pertinente entre :

– des opérations « passives » de conservation qui ne transforment pas substantiellement les tissus

– des opérations « actives » transformatrices débouchant sur un produit industriel.

La motivation de ce débat est la recherche d'un critère permettant de distinguer entre des opérations de banques dites « passives, non productrices, non laborieuses et encore moins inventives » qui devraient absolument rester hors commerce, hors profit, et d'autres activités impliquant un travail effectif – éventuellement – une recherche qui pourraient être sources de profit. Cette discussion tentait de trouver une solution éthiquement satisfaisante permettant l'articulation d'activités lucratives sur des gestes de solidarité gratuite (le don de tissus).

Après de longues discussions, il est apparu que cette distinction (activité passive/activité productive) était trop floue et ambiguë pour fonder une différence aussi importante. Mais l'idée d'une telle différence avec ses conséquences demeure à l'arrière-plan de l'Avis.

En ce qui concerne les principes éthiques (1.8-1.9), le débat a conduit à une évolution significative menant de considérations d'abord surtout symboliques et de principe (intégrité du corps, corps hors commerce...) à des affirmations concernant des responsabilités médicales concrètes, spécialement les questions de *safety* (sécurité, santé). Ces questions sont devenues centrales pour beaucoup, et les autres problèmes éthiques ont été dès lors plus ou moins considérés en fonction de la *safety*. Ainsi par exemple, la pratique du consentement informé est certainement utile à la « traçabilité »[1] des tissus, elle-même indispensable pour la *safety*. Autre exemple plus frappant : la question est restée ouverte de savoir si des dons

1. C'est-à-dire la possibilité de retrouver l'origine du tissu et suffisamment d'informations sur cette origine (la personne donneuse) et sur le cheminement suivi à partir du prélèvement.

gratuits sont nécessairement plus sûrs que des prélèvements rétribués et postulant une sorte de contrat qui engage la responsabilité des donneurs à « tout » dire (vices cachés connus du vendeur), ainsi qu'une responsabilité précise de l'organisme opérateur.

D'une manière générale, la question de la *safety* est devenue à ce point sensible en raison de l'information – et donc du contrôle – relativement limitée qui semble caractériser le domaine des BTH et vu l'ouverture des frontières au sein de l'Union et hors de l'Union : Europe de l'Est, Tiers-Monde... Voilà pourquoi la question de la *safety* a été expressément mise en tête de la partie de l'Avis décrivant les problèmes éthiques(1.8-1.9).

En ce qui concerne l'information et le consentement, il est clairement apparu que l'opinion publique est totalement sous-informée concernant tout ce que l'on fait, peut faire, pourra faire (dimension d'imprévisibilité) avec des éléments du corps (tous les éléments), et que seul le paradigme plus familier de la greffe d'organe est perçu. Cette perception est évidemment très tronquée et fausse. La question éthique relative à l'assimilation des organes et des tissus, non distingués par la loi dans les systèmes *opting out* (consentement présumé), se pose.

Le problème de la commercialisation (1.10) se pose à deux égards : la rétribution du donneur et les profits de la BTH.

Ces points ont été très longuement débattus, car l'intention originelle de cette auto-saisine du Groupe allait dans le sens d'une réaffirmation nette de la gratuité du don et de la non-lucrativité des banques (si ce n'est pour l'élaboration de produits très sophistiqués). Certains estimaient même que les BTH devraient être des institutions publiques obligatoirement.

Or, la discussion et l'examen de la littérature ont conduit à un net affaiblissement de ces principes, sinon à leur abandon. L'Avis explique clairement que la question est controversée, qu'il y a des arguments allant dans les deux sens, et que le modèle « français » (affecté d'ailleurs par l'affaire du sang contaminé) doit moins être reçu comme un dogme que comme une hypothèse qui fonctionne plus ou moins bien, mais qui n'est pas intangible. Vu la complexité des questions, le Groupe n'a cependant pas cru prudent et sage de rompre avec le modèle éthique dominant en Europe : il exprime des doutes, mais en l'absence d'arguments forts, il s'en tient finalement à un principe de non-commercialisation ou de commercialisation minimale.

En conclusion, les points saillants résumés de l'Avis sont :

– l'exigence première est le contrôle de la qualité sanitaire des tissus dans un contexte d'échange de plus en plus libéré. Les mots d'ordre sont vigilance continuée (suivi) et traçabilité à tout moment. Il est symptomatique de la « déflation symbolique » de l'Avis que le rappel du principe du respect du Corps humain se réduit à deux lignes (2.2) ;

– le rappel du principe du consentement informé conduit à souligner la non-information et la désinformation du citoyen (et du patient en particulier) régnant dans ce domaine. Il est impératif que cette information devienne meilleure ;

– il convient de concilier le respect de la vie privée et l'exigence de traçabilité en utilisant une codification qui ne permettrait de rapporter un tissu à une personne identifiable que sous des conditions très strictement définies ;

– le manque de contrôle et de responsabilités bien définies caractérise une partie du secteur. Il conviendrait de soumettre dans l'UE toute BTH (publique ou privée) à autorisation publique et de lui confier la responsabilité (l'exigence du contrôle) à la fois de la sûreté sanitaire et des conditions éthiques dans le respect desquelles les opérations, du prélèvement à la distribution, doivent être réalisées (même si la banque « sous-traite » certaines opérations) ;

– en ce qui concerne la non-commercialisation : il paraît éthiquement souhaitable de limiter la légitimité d'un profit aux opérations de transformation sophistiquée de tissus.

Les recherches sur l'embryon (novembre 1998)

Le contexte de cette demande d'avis est spécial. Elle est venue de la Commission suite à une demande d'amendement du Parlement Européen tendant à interdire tout financement de la recherche sur l'embryon par le Ve Programme-Cadre. L'argument avancé par les parlementaires étant que la recherche sur l'embryon est interdite dans certains pays de l'Union et qu'il n'y a pas de consensus européen à ce sujet. Ainsi qu'on s'en rend compte, cet argument prend le contre-pied de la position défendue par l'Avis sur le VPC.

Nous commençons par indiquer succinctement les points saillants de l'Avis, puis nous développerons quelques commentaires de philosophie « biopolitique ».

L'Avis :

– décrit, en les détaillant, la diversité, les objectifs et l'importance pour le développement de la biomédecine des recherches sur l'embryon *in vitro* (1.1-1.12) ;

– souligne le caractère irréductiblement controversé des notions de « début de la vie humaine » et « personne humaine » ; l'embryon humain n'est pas défini au plan juridique dans la plupart des États, et ceux qui l'ont défini, l'ont fait de manière diverse ;

– souligne la variété des législations et autres modes de régulations concernant la recherche sur l'embryon humain dans les divers États membres (1.13 et ss);

– reconnaît le pluralisme européen (1.27) et affirme que ce multiculturalisme est une richesse consubstantielle à la construction de l'Europe invitant à la tolérance mutuelle (2.5)[1];

– estime que la protection de l'embryon doit être comprise dans un sens progressif et graduel en rapport avec le développement embryonnaire (2.2);

– conclut que vu la diversité morale, il serait inacceptable d'un point de vue éthique de prétendre unifier les positions, car cela reviendrait à imposer une conviction morale unique et exclusive; en conséquence, il n'est pas légitime d'interdire le financement de la recherche communautaire sur l'embryon (2.8).

Il faut souligner la différence entre la question de l'acceptabilité des recherches sur l'embryon et le « statut » de celui-ci, d'une part, et la « méta-question » relative à la gestion, au plan de l'UE, des différences éthiques, philosophiques et juridiques nationales concernant certaines recherches techno-scientifiques, d'autre part. Le constat fondamental est celui de la divergence insurmontable des réponses à la première question et *la véritable interrogation devient comment d'un point de vue éthique gérer cette diversité éthique et philosophique.*

La position déjà exprimée à l'occasion du Rapport et de l'Avis concernant les Aspects éthiques du VPC était claire : « Le refus d'un projet au seul motif qu'un type déterminé de recherche n'est pas autorisé dans un Etat membre ne paraît pas justifié ». Les arguments utilisés étaient :

– « il y a une recherche européenne distincte des recherches nationales »

– « aucune évidence éthique ne "donne raison" à une morale-législation plus restrictive de la recherche »

– « on peut estimer qu'une restriction est peu éthique non seulement parce qu'elle limite la liberté de recherche mais encore parce qu'elle lèse l'intérêt légitime de certains patients qui ne pourront bénéficier de résultats de recherches prohibées »

– la reconnaissance du dissensus à respecter sur des questions éthiques « provisoirement irréductibles pour lesquelles le consensus européen n'existe pas et à propos desquelles il n'y a pas une solution éthique (ni méta-éthique) ».

1. L'Art. 6 du Traité d'Amsterdam enjoint de respecter « les principes de liberté, démocratie, droits de l'homme et libertés fondamentales » ainsi que « les identités nationales des Etats membres ».

En termes méta-éthiques et de philosophie politique, la tolérance doit primer, sans quoi ce seraient les partisans d'*une* morale déterminée qui imposeraient leurs valeurs et normes via la force politique. Observons que la tolérance ne donne pas raison aux partisans de l'expérimentation : elle tire simplement les conclusions d'un différend éthique argumenté de part et d'autre et respectable. On est dans une situation pas tellement éloignée du principe essentiel des démocraties modernes : la séparation de l'Eglise et de l'Etat qui interdit qu'une communauté morale utilise la force publique pour imposer sa perspective et ses croyances.

Certes, l'amendement introduit par le Parlement concerne un type de recherches bien précis : « sur les embryons impliquant la destruction de ceux-ci ». Mais pour l'interdire, il s'appuie sur un *principe général* qui, une fois admis, pourrait être invoqué à propos d'autres problèmes. Ce principe explicitement présenté comme la raison de l'exclusion est : « l'existence d'approches divergentes dans l'UE concernant les problèmes éthiques que suscitent ces technologies ». L'amendement ne fournit aucune argumentation à l'appui.

Or, au risque de se répéter partiellement, accepter ce principe général reviendrait à :

– courir le danger de le voir appliquer dans d'autres domaines controversés

– accorder un droit de veto

– donner raison aux attitudes morales-légales les plus restrictives

– donner une certaine image de l'UE qui n'est pas celle de la tolérance et de la diversité, mais de l'homogénéisation éthique forcée et identifiée à la morale la plus restrictive

– favoriser au plan politique et économique une certaine conception morale d'origine religieuse et même à la légitimer, ce qui est contraire aux principes mêmes de la démocratie moderne.

La bioéthique et le Conseil de l'Europe

Le Conseil de l'Europe a créé un Comité de Bioéthique (le CAHBI devenu en 1992 le CDBI : Comité Directeur pour la Bioéthique) dès 1985. Au cours de ces dernières années, son travail s'est principalement concentré sur la rédaction d'une Convention européenne de bioéthique qui a été, sous le titre de « Convention sur les Droits de l'Homme et la Biomédecine », proposée à partir de 1997 à la signature des États. Un nombre important d'États européens l'ont signée, mais pas tous.

L'analyse critique de la Convention que nous opérons ci-dessous ne prétend pas répondre à la question générale de l'opportunité de régler sur le plan juridique international les problèmes bioéthiques ; elle porte simplement sur un certain nombre d'aspects concrets de la Convention qui prétend au nom des Droits de l'Homme régler ces problèmes. Il n'est donc nullement question de nier l'intérêt et l'importance d'une Convention qui, dans l'esprit universaliste des Droits de l'Homme, protégerait les personnes contre les risques d'atteintes à leurs libertés et droits fondamentaux ainsi qu'à leur dignité dans le contexte spécifique des pratiques et de la RDTS biomédicales. Toutefois, il y a de nombreuses manières de concevoir ces risques et ces protections, et, dans certains cas, ces conceptions peuvent se révéler inconciliables (ainsi que la section précédente vient de l'illustrer) ou, plus gravement, contre-productives, lorsque le remède proposé s'avère plus dangereux que le mal que l'on voudrait guérir.

La « Convention pour la protection des droits de l'Homme et de la dignité de l'être humain à l'égard des applications de la biologie et de la médecine », plus brièvement intitulée « Convention sur les Droits de l'Homme et la Biomédecine » est aujourd'hui l'un des textes bioéthiques les plus importants du point de vue de la portée juridique et politique internationale. Il est le produit de cinq années de discussions et de négociations entre les différentes instances du Conseil de l'Europe, plus particulièrement au sein du Comité Directeur pour la Bioéthique. Arrêté fin 96, le texte a été ouvert à la signature des États dès l'année suivante. Tous les États européens (en commençant par les États membres du Conseil de l'Europe) et, d'une manière générale, tous les États peuvent, moyennant certaines conditions, y adhérer. S'agissant d'une Convention, l'adhésion oblige l'Etat signataire à respecter les dispositions et à les traduire dans son droit national, comme c'est le cas pour la Convention européenne des Droits de l'Homme[1].

La Convention est divisée en quatorze chapitres et comprend 38 articles. Elle est accompagnée d'un Rapport explicatif, plus épais, qui commente les articles et compte 176 alinéas numérotés. Comme la Convention reste vague et peu explicite sur de nombreux points, nous avons considéré ce Rapport explicatif avec une attention particulière : il

1. La *Convention de sauvegarde des Droits de l'Homme et des Libertés Fondamentales* (1950). La signature doit être suivie de ratification pour qu'une Convention devienne effectivement liante. A ce jour, très peu d'Etats ont ratifié la Convention sur les Droits de l'Homme et la biomédecine.

constitue, jusqu'à nouvel ordre, la seule source autorisée pour éclairer le texte de la Convention et guider son interprétation et son application. Il serait donc imprudent d'évaluer les articles en ignorant ces explications et commentaires. Des objections ou des réserves à propos de ceux-ci doivent donc être comprises comme adressées également aux articles que les commentaires prétendent éclairer. Le problème est d'autant plus aigu qu'il n'est pas rare que l'on puisse se sentir d'accord (ou en tous cas pas en désaccord flagrant) avec tel article formulé d'une manière très générale et vague de la Convention, alors que cet accord disparaît à la lecture des commentaires et interprétations plus précises du Rapport explicatif. Un cas exemplaire est celui du commentaire de l'Art. 1. Celui-ci affirme l'obligation de protéger la dignité de l'être humain ou de la personne humaine en se gardant de préciser ces notions. Le commentaire (19) introduit la précision lourde de signification et de conséquences suivant laquelle il existerait « un principe généralement accepté selon lequel la dignité humaine et l'identité de l'espèce humaine doivent être respectées dès le commencement de la vie ». Affirmation diversement contestable : ce n'est pas par hasard que ce principe prétendument universel est absent du texte même de la Convention. Sans le dire encore expressément, le commentaire 19 soulève *et tranche* la question du statut de l'embryon : celui-ci serait à respecter absolument dès la conception, indépendamment de tout contexte et du stade de développement. Cette conception substantialiste et fondamentaliste n'est pas universellement partagée dans nos sociétés pluralistes qui contextualisent et nuancent les définitions et les jugements de valeur.

Nous avons préféré la formule d'une *lecture* qui engage la réflexion philosophique en rapport direct avec le texte, plutôt qu'une réflexion systématique et plus détachée sur les valeurs, principes et présupposés de la Convention. Cette lecture *critique* peut donner de la Convention une image exagérément négative dans la mesure où elle ne s'arrête qu'à un nombre limité et non exhaustif de points philosophiquement discutables [1].

1. Bien que personnelle, notre analyse critique a pu bénéficier des discussions à propos de la Convention conduites dans deux enceintes : le Comité Consultatif de Bioéthique de Belgique (pour rappel, la Belgique n'a pas encore signé la Convention en ce printemps 99) et la Commission pour la Bioéthique de la FISP (Fédération Internationale des Sociétés de Philosophie).

La référence aux Droits de l'Homme

Le titre et le Préambule de la Convention sont parfaitement explicites à ce sujet : les dispositions de la Convention sont formulées au nom des Droits de l'Homme (dorénavant « DH »). Etant donné le rôle joué par le Conseil de l'Europe dans ce domaine, cette référence est tout à fait compréhensible et délibérée [1]. Elle est en même temps l'expression d'une manière déterminée et pas universellement partagée d'aborder les problèmes de bioéthique, *tous* les problèmes de bioéthique, comme si leur solution était univoquement déductible des DH [2]. La référence aux DH peut s'avérer problématique de trois manières [3] : soit elle n'est pas acceptée comme telle (par exemple, l'anthropocentrisme ou le pluralisme philosophique sous-jacents aux DH sont refusés), soit elle n'est pas pertinente (par exemple, lorsqu'il s'agit de problèmes qui concernent des êtres vivants autres que des personnes humaines), soit parce qu'elle comporte des sollicitations discutables (par exemple, ni le problème de l'avortement ni celui de l'euthanasie ne sont abordés, encore moins tranchés, par la Déclaration Universelle des Droits de l'Homme [4]). Le fait est que pour bien des questions de bioéthique (que les rédacteurs de la Déclaration de 1948 ou de la Convention de 1950 ne pouvaient avoir à l'esprit), la référence aux DH débouche sur des interprétations multiples, voire contradictoires. Il faudrait donc se servir de cette référence avec circonspection. Comme la Convention concerne exclusivement les êtres humains et la biomédecine (et non, par exemple, les animaux et la biotechnologie), le risque d'extensions et de sollicitations abusives est *a priori* limité, mais non inexistant [5].

1. Dès la conception de la Convention en 1991, son élaboration a été politiquement voulue « en étroite collaboration avec le Comité Directeur des Droits de l'Homme » du Conseil de l'Europe (R4).

2. En 1985, le ministre français R. Badinter terminait son discours au Conseil de l'Europe sur les « Droits de l'Homme face aux progrès de la médecine, de la biologie et de la biochimie », en affirmant : « Dans tous nos pays, l'œuvre législative trouvera, j'en suis sûr, dans les Droits de l'Homme sa source d'inspiration première ». Douze ans plus tard, la Convention a donné corps à cette prédiction.

3. Ainsi que nous l'avons montré dans le chapitre 8 (« Droits de l'Homme et Recherche et Développement technoscientifiques ») de notre ouvrage *Entre symboles et technosciences*, Seyssel-Paris, Champ Vallon (diff. Presses Universitaires de France), 1996.

4. Les rédacteurs de cette Déclaration se sont expressément abstenus à cet égard (cf. Verdoodt, *Naissance et signification des Droits de l'Homme*, Louvain-Paris, Nauwelaerts).

5. On rencontre une situation similaire à propos de la *Déclaration Universelle sur les Droits de l'Homme et le Génome Humain* que le Comité International de Bioéthique de l'Unesco a rendue publique en 1998.

Afin de rendre justice à l'esprit des DH, au nom desquels la Convention est proclamée, il convient de rappeler :

1. les DH protègent des personnes au sens d'*individus, sinon adultes, du moins nés*. Protéger l'embryon ou des entités encore plus éloignées de l'individu (ou de collectifs d'individus vulnérables), tel le génome humain, n'a jamais été à l'ordre du jour des textes fondamentaux des DH ;

2. les DH entendent protéger les personnes contre les abus de pouvoir, primitivement et principalement, du pouvoir *politique*, par la suite aussi économique. Ce sont les abus de l'Etat non démocratique qui sont visés ou les carences et les faiblesses d'un Etat n'assumant pas sa fonction de protection des droits et libertés des citoyens. La science et la technique, la R&D technoscientifiques, en particulier la biomédecine, ne sont pas, en tant que tels, visés comme des lieux ou des pratiques comportant des menaces et des abus spécifiques à l'égard des individus [1] ;

3. les DH ont, au contraire, traditionnellement le souci de protéger la liberté de la recherche scientifique et de souligner son apport positif au progrès de l'Humanité. L'esprit des DH n'est nullement technoscientophobe. Il participe à l'esprit de la modernité favorable au développement des connaissances, des techniques, de l'éducation et de l'information.

Sur fond de ce rappel de quelques aspects importants de la philosophie des DH, la Convention et le Rapport soulèvent des questions quant au rapport réel qu'ils entretiennent avec cette philosophie. En effet :

1. ils tendent à couvrir par la protection des DH des entités qui ne sont pas des personnes au sens d'individus déjà nés, tels que l'embryon ou le fœtus, les générations futures, l'espèce humaine, l'identité de l'être humain. Ils utilisent un vocabulaire particulièrement vague lorqu'ils évoquent sans définir « la personne, l'individu, l'être humain, le commencement de la vie, l'identité de l'être humain ou de l'espèce » et invoquent à leur égard la protection des DH (Préambule ; R9 ; 14 ; 19). Cet aspect n'est

1. Une source de la réinterprétation des DH dans ce sens est le *Code de Nuremberg* (1947), l'un des textes fondateurs de la bioéthique et de l'éthique médicale moderne. En effet, ce texte participe de l'esprit des DH (il a été rédigé à la même époque que la Déclaration Universelle des DH) et vise à protéger les personnes sujets d'expérimentations scientifiques. Mais le contexte était clairement politique : la perversion de la science a été causée par la perversité du régime nazi. Ni le *Code de Nuremberg* ni la *Déclaration d'Helsinki* (1964) qui s'en inspire ne sont technoscientophobes. Même si au cours de la seconde moitié du XXe siècle, les technosciences – la RDTS – n'ont cessé de resserrer et de multiplier leurs relations avec les politiques et les économies, il n'empêche que des distinctions doivent et peuvent continuer d'être opérées et qu'il reste absurde et dangereux de condamner « la science » ou « la technique » lorsque les responsabilités (le pouvoir de décision) reviennent aux acteurs politiques, économiques et financiers.

pas seulement apparent dans le Préambule mais aussi dans le Chapitre I et il reste important tout au long de la C. Commentant l'Art. 1, R18 nous rappelle qu'il n'y a pas d'unanimité européenne sur la définition de l'être humain ou de la personne (ni donc sur leur identité) et ajoute qu'il convient de laisser au droit interne, national, le soin de préciser. Cette invitation ne va pas sans danger : un Etat pourrait exclure de l'humanité (ou de ce qui est digne de l'être humain) des formes d'existence que d'autres reconnaîtraient comme parfaitement « humaines » ;

2. la Convention et le Rapport comportent des accents technoscientophobes, par exemple : l'espèce et l'identité humaines mises en péril par la génétique (R14). N'importe quel généticien des populations observera le caractère phantasmatique de cette peur : seuls des individus et des groupes peuvent être, éventuellement, menacés. En outre, ces craintes ne visent pas simplement les possibles abus de pouvoir politiques ou économiques opérés au moyen des sciences et des techniques biomédicales, mais la recherche biomédicale (spécialement, la génétique) elle-même, surtout lorsqu'elle risque de s'éloigner d'une visée immédiatement thérapeutique, au profit d'une finalité de connaissance et d'expérimentation. La volonté de savoir et d'accroître le savoir est directement suspectée et le lien entre progrès des sciences et des techniques et progrès de l'humanité est, pour le moins, présenté comme très problématique (cf. R2) ;

3. la valeur fondamentale des textes DH de base (cf. les Déclarations de 1789 et de 1948, Art. 1) est d'abord la *liberté de l'individu*. La valeur fondatrice de la Convention voudrait être la *dignité de l'être humain* (R9). Si l'on postule qu'il revient à chaque individu de décider de ce qui relève de sa dignité, la continuité entre la philosophie des DH et la Convention est assurée. Mais si l'on estime qu'il convient de protéger les individus et les collectivités contre des atteintes à la « dignité de l'être humain » *malgré eux* et même contre leur propre volonté et leur propre conception de l'être humain, tous les dogmatismes et toutes les répressions deviennent possibles au nom des « vraies valeurs ». Le danger est qu'une fraction de la société (ou de l'humanité, par exemple une communauté religieuse ou une tendance idéologique) définisse et impose aux autres sa conception de la dignité de l'être humain. La question est donc : qui aura le droit de définir et le pouvoir d'imposer la dignité de l'être humain à tout être humain ? Question très concrète : certains pourraient estimer qu'il est indigne de l'homme d'expérimenter sur l'homme ou de produire des embryons *in vitro* ou de manger des aliments génétiquement modifiés ou d'utiliser des xénogreffes ou de créer des animaux transgéniques ou de vouloir connaître et maîtriser les processus de la sénescence, etc. La notion de dignité de l'être humain – dont la portée se voudrait à la fois axiologique et

ontologique puisqu'elle prétend définir en quoi consiste la *valeur essentielle* de l'être humain – doit être utilisée avec prudence. Sinon, elle peut conduire à des positions dogmatiques et fondamentalistes qui ne sont pas absentes de tendances bioéthiques cherchant à « déduire » toutes les valeurs et toutes les normes à partir d'une certaine conception de la dignité (de ce qui est « sacré » : « intouchable » absolument), jugée fondamentale[1]. L'articulation philosophique entre les notions de liberté et de dignité est nécessaire et délicate. Probablement Kant l'a-t-il exprimée de la manière la plus rigoureuse en montrant que la dignité de l'être humain réside ultimement dans l'autonomie et dans la *promotion* de l'autonomie en tout être humain : le respect de la dignité de la personne est le respect de l'autonomie de la personne. L'exercice de la liberté doit se faire dans le respect de la dignité de l'autre et la détermination de la dignité dans le respect de l'autonomie d'autrui.

4. l'esprit des DH est *universaliste :* il ne peut imposer, en principe, que des règles sur lesquelles un consensus tout à fait général existe. Or, pour une large part, la bioéthique est dissensuelle voire conflictuelle, car elle concerne des questions à dimension philosophique et religieuse (la vie, la mort, l'avenir, le sens, la définition normative de l'homme...) sur lesquelles, fondamentalement, il n'y a pas d'accord. La Convention n'a pas pu, en tous ses articles, se tenir à des règles pour lesquelles un consensus tout à fait général serait acquis et sa prétention à l'universalité ne va pas sans quelque abus ou aveuglement.

En conclusion, *l'invocation de la philosophie et des textes de base des* DH *comme fondements de la Convention, sans être complètement injustifiée, est loin d'être évidente et indiscutable.* On assiste clairement à des glissements avec lesquels on peut ne pas être d'accord et que des Protocoles ou des amendements pourraient accentuer à l'avenir.

Quelle politique « éthique » de la santé et l'autonomie jusqu'où ?

L'article 3 (« Accès équitable aux soins de santé ») est fort avare en précisions et les commentaires (R23 à 27) appelés à l'étoffer vont davantage dans le sens d'une limitation que d'une extension des obligations des États dans le domaine de la politique de la santé. Il est regrettable que la Convention ne se soit pas plus nettement prononcée sur *les modalités*

1. A cet égard, R9 va fort loin : « La notion de dignité de l'être humain désigne la valeur essentielle à maintenir. Elle constitue le fondement de la plupart des valeurs défendues par cette Convention ».

minimales des soins de santé qu'il serait éthique pour n'importe quelle société, soucieuse des DH *et de la dignité humaine, d'assurer.* Cette frilosité est d'autant plus décevante que la C, bien qu'elle entretienne une ambition universaliste associée à sa référence aux DH, se veut d'abord un produit *européen.* Or, les instances européennes et les pays les plus favorables à l'Union Européenne se plaisent à souligner l'existence d'un modèle européen, plus soucieux d'éthique, de solidarité, de protection des groupes marginaux et vulnérables, de politique sociale de la santé, que le modèle américain. L'Union Européenne (dont le Conseil de l'Europe constitue, à certains égards, une antichambre) voudrait dans le domaine bioéthique comme ailleurs résister aux tentations néo-libérales voire libertariennes excessives tentées de faire entrer, par exemple, les corps humains eux-mêmes dans le marché libre-échangiste uniquement gouverné par l'offre et la demande et médié par l'argent.

Si nous évoquons ce point, c'est aussi pour mettre en évidence l'ambiguïté de la C : elle est *universaliste* mais d'abord *européenne.* Ce point mériterait une analyse philosophique plus approfondie. Il suggère, en tous cas, que l'universalité affirmée est toujours, en fait, portée par le désir d'universalisation d'un modèle particulier. On aurait, en l'occurrence, souhaité plus de précision au sujet de ce modèle, car le vague qui l'affecte peut aussi conduire à douter de son existence. En revanche, l'attestation plus précise de son existence en tant que modèle particulier signalerait derechef le caractère problématique de son rapport aux DH proprement dits.

Le Chapitre II aborde une question bioéthique capitale : celle du *consentement* du patient ou du sujet d'expérience aux interventions que le praticien ou le chercheur envisagent de lui faire subir. Nous n'entrerons pas dans les discussions que l'Art. 6 et l'Art. 7 (« Protection des personnes n'ayant pas la capacité de consentir » et « Protection des personnes souffrant d'un trouble mental ») a suscitées. Mais soulignons deux points. Premièrement, le principe du consentement libre et informé se situe bien dans le droit fil de la philosophie des DH, puisqu'il affirme l'autonomie de l'individu et l'obligation de l'informer afin qu'il puisse prendre une décision éclairée. Il contrebalance du même coup le paternalisme traditionnel, toujours présent dans l'esprit médical. Il risque cependant d'engendrer – c'est le second point – l'illusion que le consentement libre et informé du patient est l'unique source de légitimation de l'acte médical, dans la mesure où les autres aspects ne sont pas abordés (tel le principe : guérir et surtout ne pas nuire) dans la C. Il eût été utile de préciser que le consentement est une condition nécessaire, mais non suffisante de l'acte médical.

L'Art. 9 (« Souhaits précédemment exprimés ») demeure très flou quant à l'importance à accorder aux souhaits précédemment exprimés, qui sont une forme spéciale de l'exercice de l'autonomie du sujet. Ce qui frappe peut-être le plus à ce propos, c'est l'absence significative mais très regrettable de toute évocation du problème du Testament de Vie et des Directives Anticipées, qui constituent, par excellence, des souhaits précédemment, très formellement et explicitement exprimés à propos d'actes médicaux futurs dans des contextes déterminés. Le Rapport (59 à 61) n'ajoute rien à l'Art; il insiste au contraire sur le fait que tout est affaire d'appréciation particulière et que l'avis préalablement exprimé du patient n'a pas à être reçu comme étant obligatoirement à suivre. Alors que la question du Testament de Vie et, par la même occasion, celle de l'euthanasie et, plus généralement, du droit des personnes à disposer de leur vie jusque dans la mort, ont été amplement débattues dans une majeure partie du monde anglo-saxon, la Convention se montre, une fois de plus, particulièrement frileuse.

Le « droit de ne pas savoir »

Le Chapitre III (qui ne comporte qu'un seul article – 10 – rassemblant des thèmes pourtant très différents) protège la vie privée et le droit fondamental de l'individu de recevoir toutes les informations concernant son état de santé. Ces normes sont dans le droit fil du principe du consentement et d'une manière générale des DH. Les exceptions accessoirement évoquées paraissent moralement acceptables et raisonnables. Tout change lorsque l'on se rapporte au Rapport (67 à 70) qui fait très explicitement apparaître un « droit de ne pas savoir » (celui-ci est encore évoqué plus loin dans R80) en lui accordant une importance aussi fondamentale qu'au droit de savoir. Ces développements constituent, selon nous, les passages les plus réactionnaires, obscurantistes, contraires à la philosophie des DH et à l'éthique (particulièrement à l'éthique de la responsabilité) repérables dans le R. Du point de vue du discours éthique, il faudrait parler exclusivement d'un « droit de savoir » et même d'un « devoir de savoir » afin de tirer de ce savoir toutes les conséquences utiles pour sa propre santé et pour celle d'autrui, et même, au-delà, utiles à la gestion éclairée et responsable de l'existence individuelle, familiale et sociale. La parole des bioéthiciens devrait fondamentalement aller *dans ce sens là*, dans le sens de l'éducation et de la valorisation du savoir et de la responsabilité associée à ce savoir. Nous ne disons pas qu'il faudrait sanctionner ce devoir de savoir par des lois ; nous disons que le seul discours *moral progressiste*, admissible du point de vue de l'éthique, est le discours qui va dans ce sens-là, qui est, d'ailleurs aussi celui, de la démocratie et de la citoyenneté responsable. Certes, on peut concevoir des exceptions moralement acceptables à ce devoir moral de savoir et de responsabilité. Tel serait, par exemple, le cas du savoir prédictif d'une maladie fatale pour laquelle aucune prévention ni aucun remède n'existent et dont l'ignorance est sans conséquence pour autrui. Tel serait peut-être aussi le savoir d'un pronostic fatal à brève échéance pour des personnes très âgées. Mais même ces situations particulières demeurent, du point de vue de l'éthique de la responsabilité, discutables, car le savoir – spécialement le savoir de la mort – doit permettre à la personne de prendre, dans la mesure du possible, des dispositions matérielles et, éventuellement, spirituelles, utiles à la vie. Nous dénonçons donc comme le plus souvent contraires à l'éthique l'exercice ou la revendication d'un « droit de ne pas savoir » que, depuis quelques années, l'on entend proclamer dans des enceintes bioéthiques, notamment sur fond de croyances religieuses conservatrices et anti-humanistes, aux accents fatalistes, fondamentalistes et obscurantistes. Car sous ce « droit de ne pas savoir » que l'on prend soin d'évoquer dans le contexte des limites, de la finitude, de la faiblesse et de la misère humaines, c'est aussi une idéologie traditionnaliste – médiévale – scientophobe et anti-progressiste qui agit, une tradition nostalgique du paternalisme de ceux qui savent et qui auraient pour mission de dispenser pour leur bien à tous les autres (« les gens ») les fractions convenables de savoir.

La peur de la génétique

Nous avons déjà noté que, dès le Préambule, des accents techno-scientophobes se concentrent sur la génétique. Le Chapitre IV (« Génome humain ») concrétise ces craintes sous forme d'interdictions absolues. Celles-ci concernent la thérapie génique germinale, l'eugénique et la sélection du sexe. La première est particulièrement mal venue et abusive dans la mesure où elle cherche à imposer une condamnation qui est loin d'être universellement partagée. En effet, si tout le monde s'entend pour estimer qu'il est prématuré d'effectuer des expérimentations de thérapie génique germinale étant donné le manque de connaissances et de maîtrise technoscientifique des risques, beaucoup considèrent qu'une fois que les progrès auront été réalisés et que la thérapie génique germinale sera devenue praticable dans des conditions suffisamment sûres pour les individus, cette pratique ne sera en rien contraire à l'éthique. Le concept de « thérapie génique germinale » n'a rien d'immoral, au contraire. L'éradication sans effets secondaires de maladies héréditaires graves est moralement justifiée. La Convention et le Rapport s'enlisent d'ailleurs dans des distinctions où les faits comptent moins que les phantasmes et les intentions : phantasme de la mise en danger de l'espèce (R89), acceptation des modifications de la lignée germinale si elles n'ont pas été voulues ni visées comme telles (C13, R92). En outre, la condamnation de la thérapie génique germinale est amalgamée avec celle de l'eugénique ou eugénisme. Cet amalgame, fréquent dans certains milieux bioéthiques, est inacceptable en soi car il obscurcit les questions et conduit à les traiter d'une manière confuse, non objective et partiale. Par ailleurs, la question de l'eugénisme (clairement évoqué dans C13 et surtout R89, mais jamais nommé) est elle-même extrêmement complexe, controversée, surchargée d'aspects historiques tragiques, d'amalgames et de phantasmes. Elle est systématiquement réduite par ses détracteurs fanatiques à la seule imagination de l'eugénisme de masse dans une société autoritaire (dictatoriale, fasciste, totalitaire). Ici, comme ailleurs, il faudrait introduire des distinctions, des contextualisations, relativiser par rapport au moment historique, à l'environnement social et culturel, au développement technoscientifique. Il est évidemment beaucoup plus facile de condamner absolument et *a priori*, massivement et une fois pour toutes, en prenant implicitement appui sur des phantasmes extrémistes. Telle qu'elle se présente, la Convention pourrait – voire devrait – décourager – voire interdire – des programmes de recherches, des projets d'expérimentation *pouvant* conduire à l'eugénisme ou même simplement à la thérapie génique germinale. Trop souvent, la Convention et le Rapport sont implicitement gouvernés par l'argument de « la pente glissante » – très cultivé par certaines tendances bioéthiques. Cette argumentation postule qu'une fois que l'homme s'est engagé dans une direction qui *pourrait* mener à des errements graves, il ne pourra plus s'arrêter, faire la part des choses et choisir les bons aspects en résistant aux tentations mauvaises. Cet argument est profondément anti-humaniste, car il postule que les individus ne sont plus libres de choisir, de juger, dès lors qu'ils auraient fait un pas dans une direction « impure », comme si une fatalité ou une nécessité s'imposait alors à eux et inhibait leur conscience. On peut se demander quelle direction est parfaitement « pure » et quel choix est dépourvu d'ambiguïtés et d'ambivalences à venir. L'argument de la pente glissante suivant lequel les individus sont forcés à un enchaînement contraignant d'actions que des similitudes ou des contiguïtés associent est anti-humaniste parce qu'il privilégie la logique de l'inconscient (qui fonctionne par amalgames, similitudes, contiguïtés) par rapport à la logique de la conscience qui distingue et qui juge après analyse des raisons et des faits, et non sur base de rapprochements irrationnels. C'est la croyance à cet enchaînement fatal, négateur de la liberté humaine et de l'apport des analyses rationnelles, qui conduit les partisans de la « pente savonneuse » et fatale à vouloir imposer des interdictions absolues et massives (significativement appelées « garde-fous »), supprimant dès le départ la liberté de choix parce qu'un mauvais usage futur pourrait en être fait. Encore une fois, il ne s'agit pas de nier que la crainte de la « pente savonneuse » ne recouvre quelque réalité psychologique et sociologique. Il s'agit d'affirmer clairement, lorsqu'on tient un discours qui se veut éthique, que la solution n'est pas dans les interdits dogmatiques en réaction aux tentations irrationnelles (en termes freudiens : la répression du *ça* – de l'inconscient – par le surmoi), mais dans le travail, lent et difficile, de l'information, de l'éducation, de l'exercice de l'analyse et du jugement, de la prise de conscience, dans le développement de la faculté individuelle de choisir d'une façon éclairée et délibérée. Tel est le message que devrait véhiculer, sans désemparer, une Convention conçue dans l'esprit de la philosophie des Droits de l'Homme.

Une illustration de la cécité dogmatique concernant les situations et les cas et conduisant à renoncer à la faculté de juger (évaluer en distinguant) est fournie par l'Article 14 consacré à la « Non sélection du sexe ». Que ce point fasse l'objet d'un article à lui seul est déjà pour le moins étonnant et regrettable, dans la mesure où toutes les questions relatives à la protection de la vie privée et au droit à l'information ont été ramassées aussi dans un seul article (10) ou que le dessein d'une politique éthique de la santé tient dans les trois lignes de l'Article 3. On imagine aisément des contextes sociaux, culturels et familiaux dans le cadre desquels, le choix du sexe (à l'aide d'une technique qui serait légère) ne serait pas en soi immoral. Ainsi, dans une société démocratique et économiquement développée où l'égalité des hommes et des femmes est bien établie et respectée, le cas de parents ayant déjà deux ou trois garçons (ou filles) : leur éventuel souhait d'avoir un enfant de l'autre sexe est parfaitement légitime et on ne voit pas pourquoi il serait moralement condamnable. Cette naissance enrichirait leur expérience et leur cellule familiales. Bref, ici comme dans d'autres cas, l'interdit sans réserves ni nuances paraît excessif et éthiquement non justifié. Il place d'ailleurs la question sur un plan inadéquat : celui de la faute éventuelle d'individus (les parents, le médecin), alors que le problème sous-jacent à la discrimination des sexes est foncièrement collectif : culturel, économique, social et politique.

L'Article 18 du Chapitre V (« Recherche scientifique ») offre une autre illustration de la cécité dogmatique concernant les différences et conduisant à des interdits sans nuances : il s'agit de l'interdiction absolue de la constitution d'embryons humains à des fins de recherche. De l'avis de nombreux experts, la production, dans des cas bien délimités, d'embryons à fin d'expérimentation est indispensable dans l'intérêt même de patients atteints de maladies génétiques. Il faudrait donc contextualiser l'interdiction et préciser les exceptions.

Protectionnisme

Ce que nous entendons par « protectionnisme » apparaît le plus clairement dans l'Article 27 (« Protection plus étendue ») et R161-162. Ceux-ci présentent les dispositions de la Convention comme offrant une *protection minimale* pour les personnes *contre les « dangers » et abus de la biomédecine*, spécialement de la recherche expérimentale. Ils laissent aux États signataires le soin de prendre, s'ils l'estiment souhaitable, des mesures plus protectrices, c'est-à-dire plus contraignantes et plus contrôlantes à l'égard de la RDTS biomédicale. La Convention n'exprimerait qu'un minimum moral encourageant à aller au-delà et postulant, bien entendu, que, le mal et le danger venant de la RDTS, une protection plus étendue constitue automatiquement un « plus » éthique. On peut craindre que ce même esprit protectionniste ne continue de s'exprimer – et de s'exprimer même avec plus de force – dans les Protocoles annoncés, dans les interprétations indispensables à l'application de dispositions générales, dans les démarches d'amendements et de révisions futures (C31-32) de la C. Or, cet esprit et ses attendus sont foncièrement discutables. Il n'est pas vrai qu'une protection accrue contre la biomédecine soit toujours éthiquement justifiée et souhaitable. Des contraintes, des restrictions et des limitations toujours plus fortes imposées à la recherche biomédicale, sous prétexte de protéger mieux les personnes, peuvent se révéler contraires à l'éthique dans la mesure où elles retardent ou empêchent des découvertes susceptibles de guérir ou d'alléger des souffrances.

Conclusion

Nous espérons que notre lecture critique a fait apparaître clairement un certain nombre de problèmes qui rendent difficile l'acceptation de la Convention et du Rapport sans de très sérieuses réserves ni quelque suspicion quant au « progrès » qu'elle prétend réaliser au bénéfice des droits et libertés des personnes. Ces défauts peuvent être amendés à condition de remanier quelques articles et de modifier en profondeur un nombre appréciable de passages du R. Nous doutons cependant qu'une telle entreprise puisse se faire à l'occasion d'une prochaine révision (dans cinq ans), lorsque l'on songe que la Convention exprime aussi une série de compromis « politiques » autant qu'éthiques obtenus au terme de longues et difficiles discussions et négociations. Notre analyse a permis d'attirer l'attention sur trois type de problèmes.

– Un problème d'articulation entre la Convention et le R. Ce problème est sérieux : trop souvent, l'éclairage du Rapport est partial et sa prise en compte conduit à retirer l'accord que le texte plus vague et plus équilibré de la Convention pouvait espérer emporter. L'exégèse orientée donnée par le Rapport éveille le soupçon à l'égard du texte de la Convention qui apparaît comme une façade neutre et lisse enveloppant un instrument au service de positions idéologiques peu progressistes que beaucoup ne partagent pas.

– Des problèmes de formulation : ils concernent principalement des articles exprimant des interdictions et des condamnations sans nuances ni relativisation ni contextualisation ni sens de l'évolution (des sciences et des techniques mais aussi des morales et des mentalités). Il y a là des problèmes de ton discrètement révélateurs de positions philosophiques sous-jacentes. En ces matières, nous pensons qu'il faut privilégier une approche pragmatiste, évolutive et analytique et refuser les formules aux accents de « décalogue » promulguant des interdits absolus, définitifs et massifs [1].

– Des problèmes de fond, les plus importants sans aucun doute. Notre lecture de la Convention et plus encore du Rapport conduit à la conclusion que ce nouvel instrument du Conseil de l'Europe illustre mal la tradition philosophique des DH sous le signe de laquelle il a voulu se placer. Le reproche est grave et le lecteur appréciera bien entendu pour sa part s'il lui paraît légitime. Il est bon cependant de rappeler que la tradition philosophique des DH est celle des Lumières, de l'Enlightenment, de l'Aufklärung. Et lorsque Kant résume « la devise des Lumières », l'injonction est *Sapere aude* : Ose savoir ! « Aie le courage de te servir de ton propre entendement ! » [2] Il n'est pas possible de percevoir ce message dans la *Convention sur les Droits de l'Homme et la Biomédecine*, et le *Rapport explicatif* contient trop de passages qui laissent entendre le contraire. Pour mémoire : il y a la technoscientophobie plus ou moins expresse et focalisée sur les progrès des sciences et des techniques génétiques ; il y a ce fameux « droit de ne pas savoir » ainsi que l'action souterraine de l'argument de la pente glissante qui incitent au doute quant à la valeur du savoir, de l'information, de l'éducation, du développement de la capacité

1. Le profane ne comprend d'ailleurs pas pour quelles raisons il arrive à la Convention tantôt de prétendre régler des problèmes très complexes en quelques lignes générales, tantôt de s'engager dans une casuistique détaillée à propos de telle question particulière (par exemple, la protection des personnes qui n'ont pas la capacité de consentir : C6 et C17).

2. *Was ist Aufklärung ?* (1784).

individuelle de juger librement, de l'éthique de la responsabilité; il y a la frilosité à propos de la définition d'une politique éthique et progressiste de la santé. Il y a aussi le change d'une pseudo-universalité : sur trop de points, l'accord n'existe pas ou n'est quc de façade, contrairement à ce que l'ambition universaliste de la référence aux DH aimerait faire accroire.

Certes, on pourrait aussi relever quelques articles et quelques passages qui sont en consonance avec l'esprit des DH. Mais cet accord partiel et ambigu n'est évidemment pas satisfaisant pour un texte de cette importance et de cette portée qui aurait dû véhiculer un message éthique et philosophique clair. A défaut, nous sommes confrontés à un texte *composite* qu'il est, au total, bien malaisé d'évaluer.

Une bioéthique européenne ?

Nous avons déjà fait observer que l'éthique ne constitue pas en tant que telle une compétence de l'Union Européenne. En vertu du principe de subsidiarité qui enjoint de laisser aux États les questions et les domaines susceptibles d'être mieux réglés au plan national ou pour lesquels une approche européenne ne serait pas d'un apport déterminant, l'éthique en général demeure du ressort national. Toutefois, les compétences de l'Union concernent des domaines pour lesquels des questions éthiques se posent et se poseront avec de plus en plus d'acuité, qu'il s'agisse de la recherche, de l'industrie, de l'agriculture, de la santé, de la libre circulation des personnes et des biens, etc. Dans beaucoup de domaines, les disparités éthiques, plus ou moins traduites dans des législations nationales, sont susceptibles d'entraîner des dysfonctionnements contre-productifs (l'exemple des brevets) ou des inégalités et des injustices (l'exemple du « tourisme bioéthique »).

Il y a certainement un souci européen de l'éthique et un désir de marquer par ce souci, qui serait plus développé en Europe que dans les autres grandes régions du monde, une spécificité, une différence européenne. La clause éthique du Ve Programme-Cadre de RDTS est la dernière expression la plus visible de cette volonté politique d'une identité éthique. Cette signature européenne ne vise cependant pas prioritairement la RDTS européenne : elle concerne plus généralement la politique économique qui se voudrait plus sociale, plus soucieuse des personnes et des minorités en danger de marginalisation, moins exclusivement axée sur le rendement et le profit. Malheureusement, nous avons pu noter que la Convention du Conseil de l'Europe elle-même est fort peu explicite sur les conditions éthiques d'une biomédecine sociale.

Y a-t-il un contenu homogène sous la signature éthique européenne ?

Il y a effectivement un consensus sur beaucoup de points généraux et importants relatifs à la protection des personnes, aux conditions éthiques de l'expérimentation animale et à l'environnement. Mais ce consensus n'excède guère l'accord que l'on peut lire dans les grands textes normatifs internationaux. Sur beaucoup de points précis controversés, l'accord n'existe pas ou n'est qu'apparent, pragmatique ou politique (statut de l'embryon humain, protection des animaux supérieurs, thérapie génique germinale, euthanasie, modalités de la régulation éthique de la RDTS, etc.).

Les sensibilités nationales (voir en particulier le dernier « Eurobaromètre » : *The Europeans and Modern Biotechnology*, 46.1, 1997) concernant les biotechnologies sont loin de converger, telles celles du Royaume-Uni et de l'Allemagne. Ni la Belgique ni l'Allemagne ne se sont précipitées pour signer la Convention du Conseil de l'Europe, mais pour des raisons opposées. En tant que philosophe, nous ressentons nettement dans le traitement des questions, les tensions entre une approche philosophique anglo-saxonne plus pragmatique et utilitariste, et une approche philosophique continentale qui reste, qu'on le veuille ou non, plus fondationnaliste. L'Europe constitue une mosaïque de cultures et de traditions ; la plupart des philosophies et des religions, donc des systèmes éthiques, y sont activement présents. Dans ces conditions, il va de soi que l'on peut trouver sur chaque question des positions diamétralement opposées, y compris en ce qui concerne les enjeux les plus communs tels le développement de la recherche technoscientifique ou le développement économique.

L'adhésion à l'importance déterminante de la RDTS, importance en soi et importance comme moteur du développement économique et de l'intégration sociale, paraît plus forte dans les sphères plus proches de la Commission Européenne que dans l'Assemblée Parlementaire Européenne ou le CDBI du Conseil de l'Europe, par exemple. Le *Livre Blanc sur la Croissance, la Compétitivité et l'Emploi* (1994) de la Commission Européenne continue largement de fonctionner comme une référence importante de celle-ci.

Mais la diversité et la persistance de dissensus doivent être considérées comme une chance plus que comme un handicap, à condition toutefois que le débat qu'elles entretiennent soit le plus complètement informé, transparent et ouvert. L'un des points sur lesquels les Avis à la Commission Européenne insistent avec le plus de constance est celui de l'interaction entre les opinions publiques et les institutions d'expertise et de décision. La nécessité inlassable de l'écoute, de l'éducation, de l'information, de l'explication. La nécessité de la transparence qui comporte l'exigence de la reconnaissance de la complexité des réalités et la reconnaissance des limites, certes changeantes, du savoir et du pouvoir apportés par la RDTS.

UNE EXPÉRIENCE NATIONALE : UNE PRATIQUE PLURALISTE DE LA BIOÉTHIQUE À VOCATION JURIDIQUE ET POLITIQUE

Il aura fallu de nombreuses années de discussions et de négociations pour que la Belgique soit enfin – en 1993 – dotée d'un Comité Consultatif de Bioéthique (CCB) au terme d'un Accord de Coopération entre l'Etat fédéral et les trois Communautés qui constituent le pays. C'est que la Belgique illustre bien la complexité du monde contemporain et qu'il était indispensable de construire une solution qui tienne compte de la diversité des acteurs et des intérêts sous une forme éthiquement acceptable et politiquement viable.

Les deux lignes de force de cette solution sont la pluridisciplinarité (pondérée cependant par une représentation majoritaire du monde médical) et le *pluralisme*. Celui-ci est inscrit dans le texte légal constitutif : « Il sera veillé, dans la composition du comité, à la représentation équilibrée des différentes tendances idéologiques et philosophiques ainsi qu'à la présence d'un nombre équilibré de membres féminins et masculins. Le comité comprendra autant de membres d'expression française que de membres d'expression néerlandaise »[1].

Il ne s'agit pas d'un vœu purement théorique, ainsi que l'indiquent les éléments suivant explicitant plus concrètement cette exigence de pluralisme :

1. L'équilibre recherché concerne aussi la présidence : le Comité est en fait dirigé par quatre Vice-Présidents, représentatifs de la diversité du Comité et élus par celui-ci, qui deviennent chacun à tour de rôle président pendant un an (le mandat des membres du Comité étant de quatre ans). C'est le principe de la « présidence faible » non susceptible d'orienter en profondeur et durablement l'esprit du Comité. Il convient de mesurer la distance entre cette situation et celle de la plupart des Comités nationaux reflétant, plus ou moins, l'archétype français : le Comité créé par F. Mitterrand en 1983 et dirigé par Jean Bernard durant de nombreuses années avec autorité.

1. Art. 2 de l'Accord de Coopération du 15 janvier 1993.

2. L'équilibre recherché concerne toutes les Commissions restreintes créées pour préparer les Avis. Le pluralisme constitue donc la substance même du Comité ainsi que son mode de fonctionnement. Il faut souligner la différence entre ce pluralisme concret et pratique et le pluralisme théorique qui caractérise encore une fois l'exemple français. Au sein de celui-ci la diversité philosophique est « représentée ». Ceci signifie que le Comité français comprend quelques personnalités nommées sur base de leur représentativité philosophique ou religieuse (« les familles spirituelles » constitutives de la Nation : catholicisme, judaïsme, islam, protestantisme, laïcité agnostique ou athée, ...) censées faire entendre d'une manière autorisée la voix de leur communauté et manifester le respect du principe du pluralisme. En ce qui concerne tous les autres membres du Comité français et les commissions plus techniques préparant les Avis, *tout se passe comme s'ils étaient philosophiquement et religieusement neutres, indifférents.* Il s'agit, évidemment, d'une illusion. Nous voyons ici toute la distance entre un Comité qui veut *être* authentiquement pluraliste comme la société contemporaine et un Comité qui se contente de *représenter* le pluralisme de la société.

3. Le CCB belge part du principe que dans le domaine de la morale, il n'est pas anormal de rencontrer une diversité d'opinions (de hiérarchies de valeurs, de jugements pratiques, de conceptions de la « vie bonne ») que la discussion, l'échange d'arguments, ne permettent pas de ramener à l'unité. Autrement dit, il n'y a pas d'obligation de consensus : l'absence de celui-ci n'est pas le signe d'un échec ou d'un défaut de discussion. La méthodologie du Comité ne reçoit pas comme dogmes les présupposés monothéistes ou rationalistes (actifs tout particulièrement dans l'éthique de la discussion inspirée par des penseurs tels que K.O. Apel et J. Habermas), caractéristiques de la modernité. « Les avis adoptés reproduisent les divers points de vue exprimés »[1]. Concrètement, cela signifie que les Avis du Comité belge[2] distinguent d'une part les points sur lesquels le consensus existe et, d'autre part, les points pour lesquels il y a lieu de reconnaître une diversité de positions morales au moins provisoirement irréductibles. Les Avis du Comité sont dès lors plus proches d'une explicitation que d'une solution éthique de la question posée.

1. Art. 15.

2. Voici la liste des huit Avis publiés jusqu'à la fin de 1998 : Euthanasie, Convention du Conseil de l'Europe, Choix du sexe, Accouchement dans l'anonymat, Protection juridique des inventions biotechnologiques, Centres de fécondation in vitro, Accès aux soins de santé, Stérilisation des handicapés mentaux.

4. Bien que cette reconnaissance du dissensus dans le domaine de la morale soit généralement considérée comme une caractéristique positive par les membres du CCB, elle ne va pas sans comporter des risques et des frustrations. Le risque est celui de la juxtaposition des opinions de prime abord : le dissensus paresseux. Il y a en effet deux manières de vicier la discussion éthique pluraliste : en forçant, d'une manière ou d'une autre, le consensus de conclusion ; en entérinant précipitamment les dissensus des positions primitives. L'une et l'autre procèdent d'une mauvaise méthodologie éthique de la discussion. La discussion pluraliste conduit normalement à une évolution des positions de départ, du fait des informations nouvelles apportées et des arguments échangés. Cette évolution peut conduire à un consensus plus ou moins étendu ; elle permet aussi de mieux mesurer et délimiter les divergences ainsi que les raisons et présuppositions qui les étayent. Les membres du Comité belge sont conscients de ces différents aspects méthodologiques [1] et, dans la pratique, les écueils ont été généralement évités.

5. Du côté des frustrations, nous n'évoquons que pour mémoire celle des nostalgiques de l'un ou l'autre fondamentalisme ou intégrisme. Plus importante est la frustration possible de certains décideurs politiques, à la mesure des attentes qu'ils ont pu, consciemment ou non, placer dans le Comité. En effet, un Avis sous forme d'une multiplicité de positions divergentes argumentées ne soulage d'aucune manière les décideurs politiques de la responsabilité de la décision. Il permet en principe d'éclairer la décision, de la relativiser aussi puisqu'elle apparaîtra explicitement comme tranchant une question sur laquelle l'unanimité morale n'existe pas, mais à laquelle il faudrait donner une réponse politique et juridique univoque. Le problème est aussi ainsi explicitement posé de l'urgence réelle et de la nécessité véritable de trancher politiquement et juridiquement – en imposant des lois – des questions sur lesquelles il n'existe pas d'unanimité, et qu'il serait possible de laisser à la régulation morale des communautés et à l'autonomie des personnes. Le CCB belge refuse de fonctionner automatiquement comme un organe de légitimation morale préalable de décisions politiques. Une telle fonction, fréquente pour les comités d'éthique institués au plan national ou international, est généralement solidaire de l'obligation de consensus. Cette pratique peut être dangereuse pour la démocratie dans la mesure même où les sociétés démocratiques *sont* plurielles au plan des valeurs morales. En effet, alors

1. Comme l'atteste, notamment, la création en 1998 d'une Commission restreinte « Ethique, méthode et pluralisme » chargée de réfléchir d'une manière critique sur la manière dont le Comité a effectivement fonctionné depuis sa création.

qu'une décision politico-juridique prise par la majorité politique sur fond de la reconnaissance expresse du pluralisme moral existant dans la société sauve le principe du respect du pluralisme et des minorités, une décision politique et une loi imposées sur fond d'une position éthique apparemment homogène et non problématique exprimée par les « autorités morales », se trouvent revêtues d'un « bon droit absolu » et d'une force qui n'admettent ni réserves ni exceptions. Or, très souvent dès lors qu'il s'agit de questions précises, l'universalité prétendue d'une position éthique n'est que le masque de la particularité morale d'une tradition, d'une conception, qui, pour des raisons historiques et contextuelles diverses, a réussi à se faire passer pour universellement valable.

6. Demeure un risque : que le politique prenne prétexte de la multiplicité irréconciliable des positions morales pour s'en désintéresser dans la mesure où un avis pluriel ne lui est d'aucune utilité directe comme aide et légitimation de la décision à prendre. En conséquence, des questions à forte teneur éthique pourraient être tranchées d'une manière purement politicienne, c'est-à-dire opportuniste et en fonction du rapport des forces politiques existant. La réalité de ce péril dépend de la qualité générale de la démocratie et de la classe politique qui l'exerce. Elle dépend aussi de la qualité des Avis éthiques : si ceux-ci proposent des opinions diverses simplement juxtaposées et peu argumentées d'une manière contradictoire, la tentation existe d'y voir le prétexte à un relativisme éthique de fond propice au règne de l'arbitraire et de la force. Si, au contraire, les Avis expriment clairement sur quels points le consensus a pu se faire et pourquoi des divergences irréductibles demeurent entre des positions argumentées, les décideurs ne pourront pas aisément les ignorer ou les utiliser à des fins purement politiciennes.

La conclusion du philosophe sera brève. Il se sent à l'aise au sein d'un Comité authentiquement pluraliste et qui fonctionne suivant une méthodologie de l'explicitation, de la discussion et de l'expression progressive et équilibrée des points de consensus et de dissensus. Cette situation ne l'empêche pas d'avoir et d'exprimer sa position propre, dans la pleine reconnaissance du fait qu'elle n'est pas simplement universalisable. L'intérêt philosophique de cette méthodologie tient aussi à ce qu'elle permet d'aller jusqu'au fond des problèmes et d'exprimer des interrogations et des présuppositions trop souvent tues parce qu'elles « soulèvent des débats infinis ». Et, en effet, lorsque l'on se trouve dans un Comité qui fonctionne expressément au sein d'un processus d'aide à la décision politique et juridique, on n'a nul intérêt à entrer dans ce genre de débats qui ne peuvent que retarder la conclusion et la décision. La méthodologie appliquée dans ce type de Comité avec vive désirabilité voire obligation – expresse ou latente – de consensus consiste à passer le plus possible sous silence les points sur lesquels manifestement l'accord ne peut se faire. Or, au plan des présuppositions et des croyances philosophiques et religieuses profondes qui commandent nos préférences morales, au niveau des dieux et des démons que, dans notre for intérieur ou inconsciemment, nous adorons ou craignons, le consensus et l'harmonie sont très loin de régner parmi les hommes et les groupes.

HUITIÈME PROCESSUS : TRANSCENDANCES

AGNOSTICISME ET TRANSCENDANCES

Un aspect intéressant de la bioéthique est qu'elle comporte l'exigence méthodologique de s'annoncer en déclinant son identité, ce qui n'est authentiquement possible que dans un contexte socio-politique favorable à la pensée et à la discussion libres. Toute société étant aujourd'hui, certes à des degrés inégaux, ouverte sur la civilisation technoscientifique et multiculturelle en voie de mondialisation, un comité d'éthique – spécialement s'il est national ou international – doit obligatoirement honorer une triple complexité scientifique, idéologique et sociale : il doit être pluridisciplinaire, pluraliste et à l'écoute des groupes d'intérêts. Ses membres sont choisis en fonction de leur sensibilité pour l'éthique *et* de cette triple complexité à respecter.

Personnellement, je suis philosophe contemporanéiste, laïque, mais je trouve plus précis de dire « agnostique ». Il est courant d'entendre que l'agnosticisme laisse indécidée la question de l'existence ou non de Dieu, à la différence de l'athée qui prétend savoir. Mais plus profondément l'agnostique, lorsqu'il est philosophe, postule qu'il n'est pas possible de connaître l'absolu ou l'infini : aucun savoir, aucune gnose de l'absolu n'est accessible à l'homme. Aucun fondement donc, aucune certitude, aucune forme, aucun sens définitifs dont le contenu serait identifiable et universalisable une fois pour toutes.

Le mot « agnosticisme » a été forgé par le naturaliste Thomas Huxley en 1869, dix ans après la parution de *De l'origine des espèces* de Darwin ; il est né avec l'évolutionnisme et la révolution industrielle et technique. A mon sens, il est le terme déjà traditionnel qui exprime le mieux l'attitude philosophico-religieuse, pragmatique et tolérante, appropriée à la civilisation technoscientifique et multiculturelle en tant que telle [1]. L'agnosticisme n'est pas hostile à la foi ou aux croyances. Seulement, il n'admet pas que la foi veuille s'imposer, éventuellement par la force, au nom de quelque savoir se prétendant absolu, c'est-à-dire *indiscutable* et non révisible. L'agnostique a le souci de l'ouvert et du mouvement : de la liberté créatrice à l'infini. Mais cela ne signifie pas qu'il soit sans savoir ni croyance, sur lesquels il s'appuie à la manière d'hypothèses de travail, d'exploration et d'invention. Ce sont ces hypothèses à partir desquelles je pense et je travaille, ces présupposés ouverts orientant ma propre production symbolique, que je vais essayer d'expliciter dans ce qui suit.

Et d'abord le *temps :* l'immensité prodigieuse du temps passé et futur. Un passé qui remonte à des milliards d'années et, plus vertigineux encore, un futur qui doit se compter en dizaines ou centaines de milliards d'années. Un futur radicalement ouvert et inanticipable.

Une analogie illustre l'étrangeté possible des entités qui hanteront le très lointain futur et que très indirectement nous aurons peut-être contribué à produire : que l'on se reporte seulement d'une centaine de millions d'années en arrière et que l'on mesure la distance inouïe qui sépare notre forme de vie humaine culturelle et technique des espèces qui hantaient l'ère secondaire. D'aucune manière, l'homme n'est déductible de celle-ci, même si des chemins matériels – moléculaires notamment – les relient. Qu'en sera-t-il de l'homme dans un million d'années ? Et quels chemins auront été tracés ? N'importe quoi n'est-il pas imaginable dans la mesure même où l'homme et l'extraordinaire diversité de la vie sont advenus dans le cours du temps ? Aucun a priori déterminable ne trace les limites et n'indique la voie. Il n'y a pas de gnose du temps : les gnoses eschatologiques de l'histoire, religieuses et séculières, ne parlent plus à l'agnostique.

En second lieu, la *matière.* Entendons-nous : nous ne savons pas *ce qu'elle est,* et la physique contemporaine l'abîme dans l'irreprésentable. Nous savons cependant qu'elle est extraordinairement plastique, productive, créatrice : opérable, semble-t-il, à l'infini. Matières simples pauvres en formes et en information, matières vivantes de plus en plus complexes, matières pensantes, matières naturellement engendrées, matières ouvrées par les hommes, matières techniques, mais aussi et de plus en plus articulations opératoires entre les matières vivantes et les

1. Cf. notre étude : « De la science athée à la technique agnostique », in *Athéisme et agnosticisme,* Editions de l'Université de Bruxelles, 1986.

matières techniques : symbiotechnies, technogenèses et technobiocosmes. L'agnostique reconnaît qu'il n'a aucune expérience d'un esprit ou d'une pensée qui ne seraient pas dépendants de cerveaux humains en interaction symbolique. Il fait l'hypothèse que l'avenir de l'esprit – de la pensée, de la conscience – la spiritualisation croissante passe *aussi* par l'opération de la matière pensante, la saisie aussi technique des cerveaux, y comprises les interactions entre cerveaux *et* les interactions des cerveaux avec d'éventuelles matières pensantes artificielles.

En troisième lieu, un cadre *évolutionniste.* Cette composante comprend beaucoup d'aspects que je ne puis détailler. Mentionnons l'importance du hasard et le scepticisme à l'égard de l'idée d'un sens, transcendant ou immanent, gouvernant l'évolution. L'épouvantable gaspillage d'espèces et de mutations aléatoires sans lendemain qui font ressembler l'évolution à un gigantesque cimetière, suggère qu'un tel sens s'est toujours cherché en aveugle bien plus qu'il n'a éclairé la route à suivre. Et si rétrospectivement, on peut avancer des arguments en faveur de l'existence d'un tel sens, il n'est, lorsque l'avenir reste à faire, d'aucune utilité. Aucun sens n'est *donné* : reste la *volonté* de sens et de « bon » sens. Peut-être est-ce là la foi pratique de l'agnostique. Car celui-ci ne compte pas sur la Providence : son Père – Dieu – et sa Mère – la Nature –, pourrait-on dire par métaphore, ont fait ce qu'ils pouvaient; la croyance en une assistance transcendante ou immanente ont peut-être aidé les hommes, au cours de la préhistoire et de l'histoire, à survivre et à s'imposer, mais aujourd'hui l'espèce humaine est en charge d'elle-même. Elle ne doit compter que sur elle-même : elle est adulte, ainsi que dit Emmanuel Kant lorsqu'il explique les Lumières[1]. Cette majorité de l'humanité la confronte d'emblée à sa responsabilité quant à sa survie future compte tenu de son immense précarité cosmique. Un premier devoir est donc de développer les possibles technoscientifiques de manière à pouvoir assurer la survie de la forme de vie humaine – et par la même occasion de l'esprit, pour autant que nous sachions – dans les conditions physiques les plus diverses, les plus extrêmes, les plus inhospitalières, telles, par exemple, celles de l'espace cosmique où la survie est totalement dépendante de la technique.

Les technosciences sont ainsi placées à un double titre dans une perspective évolutionniste : en tant que conditions de la *survie* de l'espèce humaine *et* de la *forme ou des formes* que la descendance de l'homme revêtira. Soulignons, à ce propos, ce que nous avons dit en commençant : la science moderne est *technoscience :* elle est foncièrement opératoire,

1. Cf. *Qu'est-ce que les Lumières ?*

créatrice et productrice. Le discours et la représentation, caractéristiques du savoir ancien et traditionnel, ne constituent plus la nature et la finalité de la RDTS (Recherche et Développement TechnoScientifiques) qui les utilisent comme des outils parmi d'autres.

Nous faisons encore l'hypothèse du *caractère moteur de l'opérativité technoscientifique* – et donc de la RDTS – eu égard à la civilisation contemporaine en voie de mondialisation. Cela signifie d'abord que ce sont les technosciences – ou plus exactement les « technoscients » et tous ceux qui collaborent activement avec eux – qui inventent et produisent désormais d'une manière dominante l'avenir. Ce n'est plus la créativité symbolique, telle que l'herméneutique des traditions, qui mène le jeu de la création du futur. Je dis volontiers que la symbolisation *accompagne* les technosciences[1]. Cet accompagnement est multiforme. Spontanément sauvage et irrationnellement technophobe ou technophile, mais aussi de plus en plus souvent informé et raisonné comme dans les comités d'éthique multidisciplinaires et pluralistes. Cet accompagnement n'a rien de passif : il oriente, freine, encourage, interdit. Les exemples sont légion. Songeons à la récente et loin encore d'être apaisée productivité symbolique – littéraire, médiatique, morale, juridique, religieuse, philosophique, … – suscitée par l'éventualité du clonage humain. Pour avoir été saisi par cette question tant au niveau du Comité de Bioéthique de Belgique qu'à celui du Comité d'Ethique de l'Union Européenne, j'ai quelque idée des milliers de pages, plus ou moins phantasmatiques, plus ou moins rationnelles, produites en guère plus d'une année sur le sujet.

Le problème de l'accompagnement symbolique des technosciences et des possibles qu'elles actualisent est au cœur de la civilisation technoscientifique multiculturelle en cours d'intégration mondiale. Il se pose au sein de chaque société et d'une manière d'autant plus compliquée qu'une société est multi-ethnique et donc multi-traditionnelle.

La conviction de l'agnostique est que la stratégie fondamentaliste qui prétend réguler sur base de dogmes immuables et universels adossés à un savoir absolu n'est plus appropriée, à moins de clore sur elle-même une société encore suffisamment homogène au plan symbolique, la coupant du mouvement et de la diversité qui l'englobent.

Ce qui paraît primordial à propos des interactions entres symboles et technosciences, c'est de préserver, ainsi que l'a souligné Gilbert

1. Voir notre ouvrage : *Entre symboles et technosciences*, Seyssel-Paris, Champ Vallon-PUF, 1996.

Simondon[1], un rapport de liberté à la fois à l'égard de la technique *et* du symbole. Cela signifie que si le symbole ne peut asservir la technoscience, celle-ci ne peut davantage asservir le symbole. La première forme de domination engendre la théocratie; la seconde la technocratie. L'une et l'autre sont extrêmement dangereuses en raison du développement même des techniques actuelles. L'une et l'autre sont mortifères, car elles ne visent qu'à s'entretenir, se reproduire et s'étendre identitairement, en instrumentalisant le symbole et la technoscience au service d'une forme particulière qui ne veut plus évoluer.

Dans le domaine de la régulation sociale de la RDTS, l'agnostique privilégie les dispositions pragmatiques, contextualisables, révisibles, évolutives. Il repousse les limitations et interdits absolus et universels enveloppés de formules théologiques et métaphysiques excluant toute remise en question, c'est-à-dire toute discussion et invention futures. Ce souci de préserver l'ouvert n'empêche pas de concevoir qu'un jour peut-être et pour un certain temps tous les hommes ou presque, toutes les communautés composant la diversité culturelle de la Terre, puissent s'entendre, s'accorder, sur un ensemble minimal commun de règles à repecter, et à réévaluer périodiquement. N'est-ce pas ce qui s'est passé, dans une certaine mesure en tous cas, avec la Déclaration Universelle des Droits de l'Homme de 1948, dont les dispositions ne sont pas fondées univoquement au sens onto-théo-métaphysique du terme « fondement » ?

L'agnostique n'est pas nécessairement étranger à l'idée de *transcendance*. Au contraire, comme l'évolutionnisme de Herbert Spencer centré autour de l'Inconnaissable et remontant aussi à l'époque de l'apparition de l'agnosticisme, suffirait à l'attester. Ma position est toutefois différente de cet évolutionnisme cognitif et théorétique classique. L'évolutionnisme que je défends s'accorde à ce que j'appelle quelquefois la transcendance *opératoire*, afin de la distinguer des transcendances *symboliques*. Celles-ci postulent que l'homme relève d'une surnature à laquelle il participe grâce à la composante spirituelle de son essence qui constitue sa différence spécifique parmi les vivants. Cette différence anthropologique est généralement liée au regard – la contemplation, l'intuition – et au langage – le logos, le verbe. L'homme n'est-il pas le « vivant parlant », l'« animal symbolique » ? La plupart des courants

1. Cf. *Du mode d'existence des objets techniques* (1958) et *L'individuation psychique et collective* (1989) (l'un et l'autre édités chez Aubier), ainsi que notre monographie : *G. Simondon et la philosophie de la « culture technique »*, Paris-Bruxelles, De Boeck-Université, 1993.

novateurs de la philosophie contemporaine, ainsi que la dynamique technoscientifique de naturalisation (voire d'opérationnalisation) de l'être humain, ont déconstruit ce dualisme. Certes, les capacités spécifiques de représentation et de communication ont contribué à asseoir la supériorité de la forme de vie humaine dans la lutte évolutionniste pour la survie, mais cela ne signifie pas pour autant que ces capacités soient d'origine surnaturelle. Ce sont des outils très importants, des inventions heureuses de l'évolution qui ont permis d'infléchir celle-ci dans de nouvelles directions caractéristiques des formes de vie anthropologiques. La capacité de transcendance est la capacité constructiviste et inventive d'évolution même ; la capacité de « méta », si l'on veut : métalangage et métatechnique : capacité caractéristique du langage humain de s'objectiver et de parler du langage, de métalangue en métalangue ; capacité de la technique humaine de produire des outils pour construire des outils, indéfiniment. Capacité des sujets humains de s'objectiver afin de s'émanciper, au risque bien entendu d'aliéner leur liberté.

Les transcendances symboliques des religions et des métaphysiques prétendent aussi dépasser la condition naturelle de l'homme, mais en la *sublimant*, c'est-à-dire en ne changeant physiquement rien, ou le moins possible. Tout au plus aménager la condition humaine afin que les servitudes et les aléas qu'elle comporte ne soient pas trop contraires à l'exercice de l'esprit. L'agnostique ne méprise pas ces pratiques spirituelles de la méditation, de la contemplation, voire de l'extase, ni les croyances qui s'y associent. L'imaginaire qu'elles entretiennent a aidé et aide encore à l'homéostase plus ou moins durable de communautés et de sociétés traditionnelles ; et elles accordent à quelques individus l'expérience de l'absolu, de la transcendance en tant que telle. Je puis parfaitement comprendre et accepter ces transcendances symboliques verticales, dès lors que des individus et des collectivités chosissent librement de s'y tenir. Et je m'abstiens même de porter un jugement définitif sur la réalité et la nature profondes de ces expériences et de ces états. Mais je pense aussi deux choses. Premièrement, que ces expériences, qui ont un substrat neuronal, seront un jour technoscientifiquement contrôlables et reproductibles, sans que cela n'épuise cependant le sens qu'on leur attribue. Je pense aussi que si ces croyances et ces expériences personnelles et collectives de la transcendance symbolique peuvent être totalement satisfaisantes pour des individus et pour des communautés, elles ne sont pas porteuses d'avenir pour l'espèce humaine. En effet, toute société qui s'en contentera en y voyant – comme le voudrait le « principe anthropique » – la *fin* de l'évolution ou de la créativité cosmiques sera, à terme, détruite par cette évolution, ou plus exactement par les hasards annihilateurs qui la ponctuent et qui emportent toutes les formes parfaites qui fleurissent sur les rives du temps. Mais il est parfaitement légitime et respectable de ne prétendre être qu'une rose et de « vivre l'espace d'un matin. »

Pourtant, seuls peut-être ceux qui sont ouverts à la transcendance ou aux transcendances opératoires de l'espèce humaine seront capables de garder, sous l'une ou l'autre forme, la mémoire de toutes ces « roses essentielles » qui auront fleuri aux fils des temps. Car les technosciences ne développent pas seulement d'extraordinaires capacités productrices, créatrices et actualisatrices de possibles. Elles développent aussi de puissantes capacités de mémoire, d'enregistrement, voire de réanimation des traces perdues et muettes du passé.

Qu'entendons-nous par transcendance opératoire ?

Il s'agit de la continuation multiple de l'évolution ou de la créativité cosmique qui n'a jamais cessé de transcender opérativement ses productions. Si l'on veut exprimer cela en termes théologiques, il s'agit soit (sens faible) de la poursuite de l'œuvre de Dieu, l'enrichissement continué de la création; soit (sens fort) de la production progressive de Dieu via l'évolution.

Plus concrètement et plus simplement, il s'agit de l'activité de dépassement de la condition naturellement donnée de l'homme sous tous ses aspects. En réalité, les hommes ont toujours transformé, opéré, leur condition naturelle, principalement la nature autour d'eux, mais cette refonte progressive a pris depuis peu un tour nouveau. Par son ampleur d'abord; par son objet ensuite. Cet objet n'est plus seulement la nature *autour* de l'homme, mais la nature *dans* l'homme : le corps – *soma* et *germen* –, avec tous ses organes, le cerveau aussi, y compris les modes de communication entre les corps-cerveaux et les interactions de ceux-ci avec les milieux naturels et artificiels. Les technosciences contemporaines illustrent surabondamment la transcendance opératoire en action : transgenèse, procréatique, clonage, lasers, nanotechnologies, prothétique, intelligence artificielle, nouveaux matériaux, astronautique, cybernétique, sciences cognitives, réalités virtuelles, technologies informatiques, physique quantique et des particules, ...

Nous avons délibérément inséré les exemples relevant des technosciences du vivant (en particulier, la génétique) dans une série très diversifiée d'orientations technoscientifiques autres. Pour une double raison. D'abord, afin d'atténuer l'emprise de l'analogie évolutionniste qui trop souvent tend à suggérer que l'avenir de l'espèce humaine est à concevoir à l'image du passé, c'est-à-dire comme une affaire de biologie et de biotechnologie, accordant une place de choix à des utopies eugénistes, par exemple. Cette extrapolation est naïve et elle manque la portée de la transcendance opératoire dont la dynamique ne se limite évidemment pas à produire une lignée humaine biologiquement saine, vigoureuse, belle et dotée d'appréciables facultés mentales. L'analogie avec le passé de l'évolution est, ainsi que nous l'avons déjà souligné, *formelle* : elle ne vise qu'à donner une indication de l'étrangeté possible du très lointain futur, potentiellement aussi différent de nous que nous sommes différents des formes de vie qui ont existé voici quelques centaines de millions d'années. Notre liste d'illustrations très diverses de la portée transcendante des technosciences entend suggérer que l'invention du futur de l'humanité procédera de combinaisons multiples *entre* les technosciences. Ces combinaisons sont aussi transversales par rapport aux clivages traditionnels entre naturel et artificiel, vivant et non vivant, organique et inorganique, matériel et spirituel, etc. Une illustration actuelle de cette transversalité en marche est fournie par l'essor des nanotechnosciences qui abordent toutes les réalités naturelles et artificielles – de la génétique à l'informatique – au niveau commun des propriétés moléculaires, atomiques, subatomiques et des interactions coopératives nouvelles qu'elles permettent. Elles sont la matrice d'une multiple hybridation prospective des matières inertes, vivantes et pensantes.

Une question aujourd'hui très importante d'un point de vue sociopolitique et à laquelle aucune communauté ni aucun individu n'échappe est celle de la *globalisation* ou *mondialisation*. Décrite dans les termes que je viens d'utiliser jusqu'ici, cette question devient : comment s'articuleront les transcendances symboliques et la ou les transcendances opératoires de l'espèce humaine ?

Je n'ai pas de réponse à cette question. Je puis cependant exprimer des vœux.

En un premier temps, je vois volontiers la civilisation technoscientifique multiculturelle mondiale comme une mosaïque compliquée, de groupes et d'individus, suffisamment intégrée pour que les besoins économiques de base de chacun soient assurés, accordant à tous une existence décente, dans de bonnes conditions alimentaires, sanitaires et d'acculturation. Dans la mesure où le technocosme – c'est-à-dire la *polis* planétaire, avec ce que cela comporte de responsabilité politique – englobe et se substitue à la biosphère, il doit prendre en charge les fonctions de la nature et sa seule justification est d'assurer mieux ces fonctions que la nature. Or, la nature a et continue de donner : terrifiante, elle a aussi été généreuse, profuse. Les puissances technoscientifiques et techno-économiques dominantes – États, Confédérations d'États, Multinationales, Gouvernement mondial à venir un jour peut-être, ... – doivent aussi prendre en charge cette fonction dative, en assurant pour tous les individus et toutes les communautés, *y compris ceux et celles qui ne participeraient pas activement à la* RDTS, de bonnes conditions de vie. Sur cette base économique, il devrait être loisible à chacun de vivre la transcendance de l'homme comme il l'entend : symboliquement en écrivant, en chantant, en méditant, en dansant, en rendant grâce, en peignant, en priant, ... ou opérativement, en participant aux recherches et constructions technoscientifiques. Participation que l'on peut concevoir de manières diverses et suivant des degrés très inégaux, à partir de la culture, de la tradition, de la morale, de chacun. Participation qui postule tout un travail de tissage herméneutique ou exégétique permettant d'articuler diversement les technosciences et les traditions. J'y reviendrai dans un instant.

Mais je voudrais auparavant indiquer le seuil où cette réflexion nous mène. Lorsque les techniques et les sciences étaient encore pauvres, on imaginait qu'il y avait la Science et la Technique, c'est-à-dire une solution univoque des problèmes, *une* bonne réponse aux questions. Science et Technique au singulier étaient placées sous le signe de la Raison Universelle, de la Vérité et de l'Objectivité. Tel est l'esprit de la Modernité qui projette l'avenir de l'humanité sous le symbole unifié du Progrès. Aujourd'hui, la créativité et les possibles technoscientifiques sont tellement riches et ouverts qu'on parle de technologies alternatives, loin du principe du « one best way », et l'on doit continuellement choisir entre les possibles, évaluer les technologies, en tenant compte des histoires, des contextes, des cultures, des symbolisations au sein desquelles et en interactions avec lesquelles on veut les mettre en œuvre. L'idée s'impose ainsi que la postmodernité pourrait être autre que seulement symbolique et culturelle. Je veux dire deux images se distinguent. La première présente l'humanité poly-symbolique certes, mais tout entière, rapportée à l'axe central, fondamentalement un, de la transcendance opératoire en marche. La seconde image est beaucoup plus compliquée. C'est l'image du buissonnement techno-culturel aux lignes évolutives plurielles et de plus en plus divergentes. Cette image tire les conséquences de la diversité ouverte des possibles technoscientifiques et conçoit qu'en liaison avec des symbolisations également diverses, des collectifs humains inventent diversement les futurs symboliques et techniques de l'espèce, multipliant les transcendances opératoires, comme sont multiples les transcendances symboliques. Ainsi que l'écrit H.T. Engelhardt dans les *Foundations of Bioethics :* « plusieurs espèces différentes pourraient sortir de l'espèce humaine ».

En ce qui concerne la construction du futur proche, je préfère me tenir à la première image que je voudrais, en manière de conclusion, illustrer en référence à l'Islam.

Lors de la *Rencontre Internationale sur la Bioéthique*[1] organisée à Tunis en 1997, le Professeur Mohamed Talbi prononça une conférence intitulée « Islam, science et éthique planétaire. Abraham, Prométhée de l'Islam » particulièrement évocatrice du travail de tissage herméneutique permettant d'articuler traditions et technosciences.

La conférence du Professeur Talbi est d'abord une extraordinaire performance exégétique à partir de quelques passages du Coran : un travail de tissage créatif qui permet de relier symboliquement et d'une manière positive le Coran à la modernité technoscientifique. S'inspirant notamment des sourates 6 : 75 et 7 : 32-33, il montre patiemment, relisant l'histoire, en quel sens Abraham peut être vu comme un Prométhée non déchu, permettant de conclure que « Les sciences ne sont pas inhumaines, ou anti-divines. (...) Dans une optique musulmane, Prométhée n'est pas un anti-Dieu. » – « A travers le récit d'Abraham, Dieu encourage et soutient toutes les audaces des recherches scientifiques. »

Parfois, l'intrépidité herméneutique de Talbi fait sourire, en même temps qu'elle donne à penser. Par exemple, lorsqu'il réinterprète la sourate 30 : 41 comme une annonce de la pollution de la Terre associée au règne du profit, totalement incompréhensible au VIIe siècle. Cette inventivité montre aussi qu'à l'aide des outils symboliques de très nombreuses et nouvelles significations peuvent être révélées dans un texte traditionnel. Ainsi que ne cesse de le souligner l'herméneutique philosophique d'un Gadamer, c'est grâce à cette créativité fusionnant le passé et le présent afin d'enfanter l'avenir, qu'un texte traditionnel continue de vivre, d'être actuel. D'où l'importance de la liberté herméneutique, et les périls mortifères de l'exégèse normative et dogmatique qu'affectionnent les intégrismes.

Un autre aspect du travail herméneutique de Talbi concerne directement l'histoire. Avec d'autres – l'intention est, en effet, beaucoup plus commune – il rappelle l'apport des savants arabes et musulmans à l'époque où l'Occident était plongé dans le Moyen Âge. Et il exprime le vœu le plus vif qu'une coopération active puisse reprendre en ce sens. Car il voit bien les risques de décrochage, de repli excessivement identitaire et répétitif sur la perpétuation pure d'une tradition, c'est-à-dire d'une symbolisation, dont la vie s'est arrêtée. Ainsi écrit-il : « Notre monde est celui de l'imparable mondialisation, à moins de choisir la fossilisation dans des territoires transformés en réserves anthropologiques. » Il ne saurait mieux exprimer la manière dont je vois les choses, tout en acceptant que des communautés – des « espèces culturelles ou symboliques » – puissent choisir de se détacher

1. *Les Actes* ont été publiés en 1998 à Tunis par le SERST et le CERES.

du tronc central de l'évolution et devenir fossiles, ou n'y rester attachées que par quelques fibres qui suffisent à les tenir en vie pour une durée indéterminée.

Partisan d'une éthique universelle, Talbi promeut un Parlement des religions qu'il est prêt à ouvrir aussi aux athées – car déjà le bouddhisme, cette religion sans Dieu s'y trouve représentée – dans un sens radicalement pluraliste. Talbi a le sens profond de ce que j'ai appelé la « civilisation technoscientifique multiculturelle en voie de globalisation ». En ce qui concerne la science contemporaine, son audace est quelquefois extrême même aux yeux de l'agnostique ouvert à la transcendance opératoire de l'espèce humaine.

« Le musulman, écrit-il, n'a donc aucune raison d'être effrayé par les prouesses de la science, – y compris le clonage (...) ». Thème qu'il reprend avec force vers la fin de son exposé : « Le clonage a permis d'améliorer certaines espèces végétales et animales. Très bientôt il sera étendu à l'homme. Pourquoi ne pas améliorer l'espèce humaine, en principe prioritaire ! Pourquoi subir notre nature, telle qu'elle a été faite par l'histoire évolutive de l'homme ? Pourquoi ne pas la changer, du moment qu'on a les moyens de le faire en agissant sur le génome pratiquement déjà déchiffré ? (...) Sans parler de l'informatique, qui ne désespère pas de créer l'intelligence artificielle. (...) Beau programme pour toutes les religions ! ».

Ce sens de ce que nous avons appelé la transcendance opératoire semble toutefois encore atténué, dans le texte du Professeur Talbi, par une conception du savoir qui n'a pas pris toute le mesure de la nature technicienne, opérative, de la science contemporaine devenue techno-science. Mais peut-être n'exprime-t-il que le souci de compenser les risques de l'opérativité a-symbolique des technosciences : le souci d'un équilibre entre le signe et la technique. Ainsi Talbi préserve-t-il l'idée d'une herméneutique non seulement du livre mais de l'univers, comparé à un livre : « Pour les musulmans, l'univers (...) est un Livre à lire. ». Un livre dont la lecture par la science ne pourrait contredire la lecture du Livre de Dieu : le Coran. Et tout à la fin de son texte, il rappelle son attachement à la transcendance verticale sans laquelle, écrit-il, « mon humanité est bancale ». Transcendance verticale réaffirmée contre le culte de l'Homme-Dieu, l'anthropolâtrie.

Nous pouvons le suivre dans ce parcours sinueux qui demeure au total mesuré et nuancé[1]. Nous pensons en effet que la sensibilité religieuse ou métaphysique peut jouer un rôle important afin de compenser les tendances trop unilatéralement matérialistes, humanistes, sécularistes, immanentistes, naturalistes, *à courte vue*, dépourvues de tout sens de la transcendance qui constituent une part importante des idéologies et symbolisations a-religieuses autour des sciences et des techniques contemporaines. Ce que nous avons essayé d'évoquer par l'idée de transcendance(s) opératoire(s) articulée(s) à travers une multiplicité de symbolisations n'est pas l'anthropolâtrie : l'utopie d'une société d'individus-surhommes améliorés par les sciences et les techniques. On aura compris, je l'espère, que cette réflexion porte bien au-delà de la simple idéologie humaniste laïque du progrès.

1. Comparez, par exemple, avec la conférence de Mohamed Habib Belkhodja, Secrétaire Général de l'Académie Islamique du Fiqh, également reprise dans les *Actes,* ainsi que dans le volume « Bioéthique et religion » du *Journal international de bioéthique,* mars-juin 1998. Pour celui-ci, c'est la lecture et l'écriture qui donnent la science exclusivement : « Iqra ! (Lis !) L'Islam a ainsi placé le savoir sur un véritable piédestal et en a fait un acte de dévotion, une religion. » Que lire ? Le Coran et la Nature, afin d'y reconnaître les signes de Dieu. Et de célébrer le « Calame », comme s'il était l'outil essentiel de l'avancée des sciences, sans s'aviser du fait qu'il s'agit d'abord (avant d'être utilisé éventuellement comme une métaphore ouverte sur toute forme d'enregistrement, ce qui ferait des traitements de texte, par exemple, aussi des « calames ») simplement d'une technique très ancienne et totalement périmée d'écriture. Bien que relativement modéré, le texte de Belkhodja illustre parfaitement : une conception herméneutique traditionnelle non opérative de la science et plus généralement de l'être-au-monde humain ; une conception normative et dogmatique de l'herméneutique de la tradition réservée aux sages du Fiqh (la jurisprudence islamique qui remonte au Moyen Âge). Sourd aux notions de technoscience et de transcendance opératoire, ce texte entend préserver la domination du symbole (et de ceux qui ont autorité sur son interprétation) sur les technosciences. La relation entre le signe et la technique y demeure de subordination, non d'accompagnement ou de co-évolution.

INDEX

TABLE DES MATIÈRES

HUITIÈME PROCESSUS : TRANSCENDANCES

ACHEVÉ D'IMPRIMER
EN SEPTEMBRE 1999
PAR L'IMPRIMERIE
DE LA MANUTENTION
A MAYENNE
N° 282-99

Dépôt légal : 3e trimestre 1999